JN301869

崔　冬梅［著］

ネットワークの基礎

創 成 社

まえがき

　本書は大学の情報教育におけるコンピュータネットワークのテキストとして書かれたものである。はじめてコンピュータネットワークを学ぶ学生のために，基礎知識からネットワーク通信の主要なプロトコルまでの内容を網羅し，90分の講義を15回で完結することを想定している。

　情報伝達と処理の歴史は，距離と時間の克服を目標に始まった。とりわけ，データ通信は，1950年代の初期に通信技術とコンピュータ技術を融合することにより開始され，これがデータ通信の幕開けとなった。その後，データ通信は半導体技術の進展に支えられ，信頼性の向上とともに，経済発展による需要の増大による低廉化が進み，著しく普及した。

　企業内や家庭内に，LANが容易に構築できるようになった。LANの中だけでの閉じた情報処理では，データ通信としての魅力が半減してしまうことになる。そこでLANとLANを結ぶことにより，世界のあらゆるところから必要な情報にアクセスし，情報処理を行うことを可能にしたものがインターネットである。今やインターネットは，世界中のあらゆる分野で活用され，現代社会において必要不可欠なものになっている。

　このような状況の中で，情報ネットワークに関する学習は，自然科学を学ぶ学生にとってはいうまでもなく，社会科学を学ぶ学生にとっても必須なものといえる。

　本書はこれらの変遷と現状をふまえて書かれたものであり，10章から構成されている。
　第1章の「情報の表現」では，コンピュータネットワークを学習するために，その基礎として最低限に必要な「数の表現」，「論理演算」および「情報の単位」について述べる。
　第2章の「ネットワーク・モデル」では，ネットワークアーキテクチャをはじめとして，プロトコルや標準化について述べる。
　第3章の「物理層／データリンク層」では，OSI基本参照モデルにおける下位層の物理層，データリンク層の規格について述べる。
　第4章の「ネットワーク層のIPプロトコル」では，コネクションレス型のIPプロトコルとIPヘッダ構造とその役割について述べる。
　第5章の「IPパケットの伝送」では，IPパケットがIPアドレスによって目標のコンピュータにどのように伝送されるかについて述べる。
　第6章の「TCP/UDPプロトコル」では，TCPヘッダおよびUDPヘッダのそれぞれの構造と役割について述べる。
　第7章の「TCP/UDPによるデータ伝送」では，コネクション型のTCPプロトコルによる伝送制御について述べる。またコネクションレス型のUDPプロトコルの特徴を生かした伝送についても述べる。
　第8章の「プライベートIPアドレス／DHCPによる自動割り当て」では，プライベート

に割り振られたIPアドレスのLANとインターネットとの情報交換技術を述べる。さらに，LAN内のパソコンに自動的に初期情報を設定するDHCPプロトコルについても述べる。

第9章の「制御用のプロトコルICMP」では，ICMPはIP通信を実現するためにさまざまな制御情報をやり取りするプロトコルである。ICMPに関して，そのエラーメッセージの送信，通信状態の診断などの機能について述べる。

第10章の「アドレス解決／名前解決」では，IPアドレスからあて先MACアドレスを求める「アドレス解決」の仕組みを学習する。さらに，ドメイン名からIPアドレスを求めるDNSサーバーシステムについて述べる。

各章のはじめの「学習のポイント」においては，各章の学習内容が一目でわかるように学習の指針を明示した。また各章の終わりには，内容をどの程度理解しているかを確認する意味で，記述問題，パケットの解析，計算問題など各種の問題を提示した。各章の学習終了後に，これらの練習問題に挑戦してほしい。なお，記述問題の解答について，本文中に掲載されているものは，改めて提示しないことにした。

以上のように，本書は体系的にわかりやすく編集されているが，初心者の方は第1章から基礎固めをしてほしい。すでにある程度学習されている方は，興味や関心のあるところから随時読まれても差し支えなく，内容を十分理解できるように編集してある。

本書の作成過程全般にわたって，（工学博士）富澤儀一先生には多大な時間を割いていただき，適切にして懇切なる幾多の指導と有益なる助言を賜った。ここに深謝し厚く御礼申し上げる。

本書を刊行するにわたり，（株）創成社の塚田尚寛氏，廣田喜昭氏には企画から編集，刊行に至るまで終始お世話をいただいた。ここに心から感謝の意を表す次第である。

2008年3月

崔　冬梅

目　次

まえがき

第 1 章　情報の表現 —————————————————— 1
1.1　整数の表現 ………………………………………………………1
1.2　2進数 n 桁で表現できる数の種類，範囲 ……………………3
1.3　補数の表現 ………………………………………………………3
1.4　ブール代数 ………………………………………………………5
1.5　単　位 ……………………………………………………………6
練習問題／解答 ………………………………………………………10

第 2 章　ネットワーク・モデル ———————————————— 13
2.1　ネットワーク・アーキテクチャとプロトコル ………………13
2.2　TCP/IP モデル …………………………………………………16
2.3　OSI 基本参照モデル ……………………………………………17
2.4　LAN の規格 ……………………………………………………18
2.5　WAN ……………………………………………………………20
2.6　クライアント・サーバー方式 …………………………………20
2.7　OSI 基本参照モデルによる通信 ………………………………21
2.8　メールの送信・受信の仕組み …………………………………22
2.9　データの単位の呼称 ……………………………………………24
練習問題／解答 ………………………………………………………25

第 3 章　物理層／データリンク層 ——————————————— 29
3.1　物理層 ……………………………………………………………29
3.2　データリンク層 …………………………………………………34
3.3　LAN スイッチ …………………………………………………39
練習問題／解答 ………………………………………………………41

第 4 章　ネットワーク層の IP プロトコル ———————————— 47
4.1　IP パケットの流れ ……………………………………………47
4.2　IP プロトコル …………………………………………………48
4.3　IP ヘッダの構造 ………………………………………………49
4.4　データの分割 ……………………………………………………57

4.5 チェックサムの計算 ……………………………………………… 58
練習問題／解答 …………………………………………………………… 59

第 5 章　IP パケットの伝送 ─────────────────── 65

5.1 IP アドレス ………………………………………………………… 65
5.2 ネットワークアドレス／ホストアドレス ………………………… 66
5.3 ルーティングテーブル …………………………………………… 70
5.4 デフォルトゲートウェイ（Default Gateway）…………………… 71
5.5 パソコンのルーティングテーブル ……………………………… 73
5.6 ネットワークの分割 ……………………………………………… 76
練習問題／解答 …………………………………………………………… 79

第 6 章　TCP/UDP プロトコル ───────────────── 83

6.1 コネクション型とコネクションレス型 …………………………… 83
6.2 プロセス間通信 …………………………………………………… 84
6.3 TCP プロトコル …………………………………………………… 87
6.4 UDP プロトコル …………………………………………………… 92
練習問題／解答 …………………………………………………………… 93

第 7 章　TCP/UDP によるデータ伝送 ─────────────── 99

7.1 TCP コネクションの確立 ………………………………………… 99
7.2 コネクションの終了 ……………………………………………… 102
7.3 TCP によるデータ伝送 …………………………………………… 104
7.4 UDP によるデータ伝送 …………………………………………… 111
練習問題／解答 …………………………………………………………… 114

第 8 章　プライベート IP アドレス／DHCP による自動割り当て ── 121

8.1 プライベート IP アドレス ………………………………………… 121
8.2 DHCP による自動設定 …………………………………………… 125
練習問題／解答 …………………………………………………………… 132

第 9 章　制御用のプロトコル ICMP ──────────────── 134

9.1 ICMP の役割 ……………………………………………………… 134
9.2 ICMP の動作 ……………………………………………………… 137
9.3 セキュリティ ……………………………………………………… 143
練習問題／解答 …………………………………………………………… 144

第 10 章　アドレス解決／名前解決 ────────── 150

　10.1　アドレス解決 ……………………………………………………150
　10.2　名前解決 ……………………………………………………………155
　　　　練習問題／解答 …………………………………………………162

Appendixes　167
参考文献　169
索　引　171

第 1 章
情報の表現

> **学習のポイント**
>
> ネットワークを学習するための準備として,「数の表現」,「情報の単位」とブール代数の「論理演算」について学習する。
>
> ☆ 整数の表現方法
> ☆ 2進数,10進数,および16進数の基数変換法
> ☆ 補数の表現と補数の利用法
> ☆ ブール代数
> ☆ 情報の単位

1.1 整数の表現

一般に P を基数とする n 桁の P 進数 $a_{n-1}a_{n-2}\cdots a_{0(p)}$ は次の (1.1) 式で表される。

$$a_{n-1}a_{n-2}\cdots a_{0(p)} = a_{n-1} \times P^{n-1} + a_{n-2} \times P^{n-2} + \cdots + a_0 \times P^0 \qquad \cdots (1.1)$$

ここで $0 \leqq a_n < P$, P^{n-1}, P^{n-2}, $\cdots P^0$ はそれぞれ重みという。

たとえば,$256_{(10)} = 2 \times 10^2 + 5 \times 10^1 + 6 \times 10^0$
$101_{(2)} = 1 \times 2^2 + 0 \times 2^1 + 1 \times 2^0$

コンピュータでは,基数($P=2$, $P=10$, $P=16$)を取り扱うことが多い。これらは,それぞれ2進数(binary number),10進数(decimal number)および16進数(hexa-decimal number)という。基数を示す添字(P)は自明の場合省略する。数字は1桁を1文字で表す必要がある。16進数は 0~15 までの数値が必要であるので,0~9 は10進数の数字,10~15 は A~F の文字を用いる。表1.1 に2進数,10進数,16進数をまとめて示す。

次に基数変換の方法について述べる。

① 10進数→2進数,10進数→16進数

[10進数→2進数]

```
2) 145  …1
2)  72  …0
2)  36  …0
2)  18  …0
2)   9  …1
2)   4  …0
2)   2  …0
     1
```
余り

$145_{(10)} = 1001\ 0001_{(2)}$

[10進数→16進数]

```
16) 1994  …10(10)  …A
16)  124  …12(10)  …C
      7(10) …7
```
余り

$1994_{(10)} = 7\text{CA}_{(16)}$

② 2進数→10進数,16進数→10進数

$1001\ 0011_{(2)} = 1\times 2^7 + 0\times 2^6 + 0\times 2^5 + 1\times 2^4 + 0\times 2^3 + 0\times 2^2 + 1\times 2^1 + 1\times 2^0$
$= 147_{(10)}$

③ 16進数→2進数

16進数の各1桁を2進数4桁に展開する。

$3\text{AC}4_{(16)} = 0011\ 1010\ 1100\ 0100_{(2)}$

④ 2進数→16進数

2進数の下位から4桁ずつひとまとめにして,16進数で表す。

$1001110111110_{(2)} = 0001\ 0011\ 1011\ 1110 = 13\text{BE}$

表1.1 基数の異なる数の表現

10進数 (decimal number)	2進数 (binary number)	16進数 (hexa-decimal number)
0	0	0
1	1	1
2	10	2
3	11	3
4	100	4
5	101	5
6	110	6
7	111	7
8	1000	8
9	1001	9
10	1010	A
11	1011	B
12	1100	C
13	1101	D
14	1110	E
15	1111	F
16	10000	10
17	10001	11

1.2 2進数 n 桁で表現できる数の種類, 範囲

(1) n 桁で表現できる数の種類

2進数 n 桁では, 何通りの数を表現できるか調べてみよう。2桁, 3桁の2進数で試してみよう。2桁では4通り, 3桁では8通りである。これを一般的に n 桁にすると, 次のようになる。

　　　表現できる数の種類 $= 2^n$

例として, 8桁では,

　　　表現できる数 $= 2^8 = 256$

となる。

$$
\begin{array}{cc}
n=2 & n=3 \\
b_1\ b_2 & b_1\ b_2\ b_3 \\
\hline
0\ 0 & 0\ 0\ 0 \\
0\ 1 & 0\ 0\ 1 \\
1\ 0 & 0\ 1\ 0 \\
1\ 1 & 0\ 1\ 1 \\
 & 1\ 0\ 0 \\
 & 1\ 0\ 1 \\
 & 1\ 1\ 0 \\
 & 1\ 1\ 1 \\
\end{array}
$$

4通り / 8通り

(2) n 桁で表現できる範囲

n 桁の2進数で表現できる正の数 N の範囲は,

$$0 \leq N \leq 2^n - 1$$

である。

例として, 2進数10桁では, $0 \leq N \leq 2^{10}-1$ すなわち, $0 \sim 1023$ となる。

1.3 補数の表現

一般に P 進数法における補数の表現には, P の補数と $P-1$ の補数がある。したがって, 2進数には1の補数 (one's complement) と2の補数 (two's complement) がある。n 桁の2進数 N の補数は次のように求められる。

　　　1の補数 : $C_1 = (2^n - 1) - N$　　…(1.2)
　　　2の補数 : $C_2 = 2^n - N$　　…(1.3)

たとえば, $0101\ 1100_{(2)}$ の1の補数, および2の補数を上の式を使って求めてみよう。

$$
\begin{aligned}
C_1 &= (2^8 - 1) - 0101\ 1100_{(2)} \\
&= 1111\ 1111_{(2)} - 0101\ 1100_{(2)} = 1010\ 0011_{(2)} \\
C_2 &= 2^8 - 0101\ 1100 \\
&= 1\ 0000\ 0000_{(2)} - 0101\ 1100_{(2)} = 1010\ 0100_{(2)}
\end{aligned}
$$

これらの結果から, 次のことがわかる。

① 1の補数は桁ごとに0と1を反転したものである。
② 2の補数は1の補数に1を加えたものである。

(1) 2の補数を簡単に求める方法

2の補数を速算するには, まず最下位のビットから左側にサーチして, 最初の1まではそ

のままのビットにする。それ以降のビットは 0 と 1 を入れ換える。

次に 10 0100 の 2 の補数を求める例を示す。

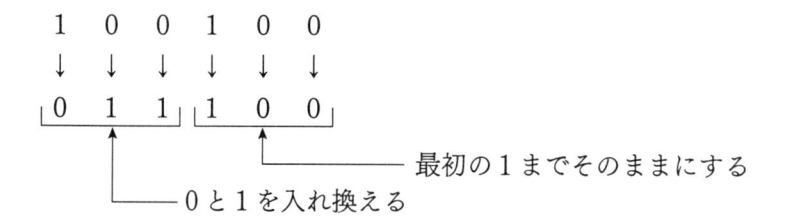

```
 1  0  0  1  0  0
 ↓  ↓  ↓  ↓  ↓  ↓
 0  1  1  1  0  0
```
└─ 0 と 1 を入れ換える ──┘ └── 最初の 1 までそのままにする

したがって，10 0100$_{(2)}$ の 2 の補数は，01 1100$_{(2)}$ となる。

（2）減算を加算で実行

負の数は，コンピュータの内部表現として 2 の補数が用いられる。この理由としては，引き算（減算）が足し算で行うことができるためである。つまり加算も減算も同じ加算機で実行できるからである。この原理を $A - B$ の計算を例にして考えてみよう。

いま B が 2 進数 m 桁で，2 の補数を $\overline{B}$ とすると，(1.3) 式によって $\overline{B} = 2^m - B$ となる。したがって，減算は次のようになる。

$$A - B = A - (2^m - \overline{B}) = A + \overline{B} - 2^m$$

すなわち，$A + \overline{B}$ の計算をして，2^m を引けばよいわけである。これには，2 つの場合が生じる。① $A + \overline{B}$ の結果，桁あふれが生じたとき，桁あふれは 2^m であるから，これを無視すればよい。② $A + \overline{B}$ の結果，桁あふれが生じない場合，$A + \overline{B} - 2^m = -\{2^m - (A + \overline{B})\}$ となり，加算結果に，さらに 2 の補数をとり '−'（負）を付ける。

〈例題 1.1〉次の 10 進数の引き算を「2 の補数」を用いて計算しなさい。

（1）　$9 - 5 =$　　　　（2）　$5 - 9 =$

〔解　答〕

（1）$A = 9_{(10)} = 1001_{(2)}$　$B = 5_{(10)} = 0101_{(2)}$
　　　B の「2 の補数」は，$\overline{B} = 1011_{(2)}$

```
   A = 1001 (2)
  +B̄ = 1011 (2)
   1 0100 (2)
   ↓ 桁上げ無視
     0100 = 4 (10)
```

（2）$A = 5_{(10)} = 0101_{(2)}$　$B = 9_{(10)} = 1001_{(2)}$
　　　B の「2 の補数」は，$\overline{B} = 0111_{(2)}$

```
   A = 0101 (2)
  +B̄ = 0111 (2)
     1100 (2)
   ↓ 2 の補数
    -0100 = -4 (10)
```

1.4 ブール代数

ブール代数は，記号論理による論理命題を取り扱うための基本的な法則として，1854年に英国の数学者ジョージ・ブール（George Boole）によって発表された。その後，MITのクロード・シャノン（Claude E. Shannon）がブール代数をリレー回路の設計に応用して，成果を得た。それ以来，論理的な問題を扱う論理設計では欠くことのできないものとなった。

（1）公　理
ブール代数は次の公理によって組み立てられている。
（1 A）　$X \neq 0$ ならば，$X = 1$
（1 B）　$X \neq 1$ ならば，$X = 0$
X は，0または1の2値を取ることを示す。

（2）論理演算の定義
① 論理積（・は論理積の演算子，AND）
$0 \cdot 0 = 0$
$0 \cdot 1 = 0$
$1 \cdot 0 = 0$
$1 \cdot 1 = 1$
$$\text{一般式}：Z = X \cdot Y$$

② 論理和（＋は論理和の演算記号，OR）
$0 + 0 = 0$
$0 + 1 = 1$
$1 + 0 = 1$
$1 + 1 = 1$
$$\text{一般式}：Z = X + Y$$

③ 論理否定（否定と呼ばれ，NOT）
$\overline{0} = 1$
$\overline{1} = 0$
$$\text{一般式}：Z = \overline{X}$$

④ 排他的論理和（⊕は排他的論理和の演算記号，EOR）
演算子⊕をはさんで，2つの値が等しいときは0，等しくないときは1となる。
$0 \oplus 0 = 0$
$0 \oplus 1 = 1$
$1 \oplus 0 = 1$
$1 \oplus 1 = 0$
$$\text{一般式}：Z = X \oplus Y$$

排他的論理和による論理式には次の性質をもつ。
$X \oplus Y = \overline{X} \cdot Y + X \cdot \overline{Y}$
$X \oplus Y = Y \oplus X$ （交換則）
$(X \oplus Y) \oplus Z = X \oplus (Y \oplus Z)$ （結合則）

〈例題 1.2〉次の 2 つの組みのビット列 A と B の桁ごとの論理積（AND），および排他的論理和（EOR）を求めなさい。

$A = a_7 a_6 a_5 a_4 a_3 a_2 a_1 a_0 = 1001\ 0111$
$B = b_7 b_6 b_5 b_4 b_3 b_2 b_1 b_0 = 1101\ 1001$

〔解　答〕

```
         1001 0111              1001 0111
AND）    1101 1001       EOR）  1101 1001
         1001 0001              0100 1110
```

1.5　単　位

（1）情報の単位

① ビット：2 進数の 1 桁をビット（bit）という。たとえば，101 というのは，3 桁の 2 進数であるから 3 ビットである。

② バイト：1 ビット単位に情報を取り扱うと煩雑になる。そこで，8 ビットをひとまとめにして情報を扱う。8 ビットをひとまとめにした単位をバイト（byte）という。情報通信の世界では，1 バイトを 1 オクテット（octet）ということがある。

（2）伝送速度の単位

伝送速度は 1 秒間に伝送するビット数で，bps（bit per second）の単位で示す。このとき，k，M，G が用いられるが，k = 1,000，M = 1,000,000，G = 1,000,000,000 である。すなわち，k（キロ：kilo）は千，M（メガ：mega）は百万，G（ギガ：giga）は十億である。

たとえば，100Mbps では，1 秒間に 1 億ビット伝送することになる。

（3）記憶容量の単位

① k（キロ）：2^{10} を 1 k という。これは Kilo = 1,000 に由来しているのであるが，記憶容量を表すときは，1 k = 1024 である。

② M（メガ）：2^{20} = 1024k を 1 M という。

③ G（ギガ）：2^{30} = 1024M を 1 G という。

（4）時間の単位

① ms（ミリセカンド）：10^{-3} 秒を 1 ms（mili second）という。

② μs（マイクロセカンド）：10^{-6} 秒を 1 μs（micro second）という。

③ ns（ナノセカンド）：10^{-9}秒を 1 ns（nano second）という。

COLUMN　サイクリックコード

　データ伝送中，外乱による雑音などにより"0"と"1"が転位してしまうことがある。このため，もとのビット列とはまったく異なった値が読み出される。この誤りを検出する符号を「誤り検出コード」という。

　伝送中の誤りでは，「ある範囲」で，「連続的」に，または「とびとび」に発生することがある。このような誤りをバースト誤り（error burst）という。このバースト誤りを検出するには，サイクリックコード（Cyclic Redundancy Code：CRC）が有効である。

　ここではサイクリックコードの生成と誤り検出について述べる。

1．サイクリックコードの生成

　nビットの情報ビットに，kビットのチェックビットを付け加えて（1）式で示すサイクリックコードを生成する。

$$V = (b_n b_{n-1} \cdots b_1,\ C_k C_{k-1} \cdots C_1) \cdots\cdots\cdots\cdots\cdots\cdots (1)$$

　ここで，$b_n b_{n-1} \cdots b_1$は情報ビット，$C_k C_{k-1} \cdots C_1$はチェックビットである。このチェックビット$C_k C_{k-1} \cdots C_1$の生成方法について考える。

　nビットのデータビット列$(b_n b_{n-1} \cdots b_1)$において（2）式のような情報多項式を定義する。

$$P(X) = b_n X^{n-1} + b_{n-1} X^{n-2} + \cdots + b_1 \cdots\cdots\cdots\cdots (2)$$

　たとえば，情報ビットが$P = (10\ \ 0010\ \ 0101)$であるとき，情報多項式は，次のようになる。

$$P(X) = X^9 + X^5 + X^2 + 1$$

　サイクリックコードの計算はモジュロ2（mod 2）の代数法則に従う。$aX \pm bX = cX$において$a = b$のときは$c = 0$，また$a \neq b$のときは$c = 1$である。すなわち排他的論理和$a \oplus b$の演算である。

　次に（3）式の生成多項式（generator polynominal）$G(X)$を導入する。

$$G(X) = a_k X^k + a_{k-1} X^{k-1} + \cdots + 1 \cdots\cdots\cdots\cdots (3)$$

　この生成多項式の次数kはチェックビットの数に等しく，この多項式によって誤り検出の能力が特徴付けられる。（2）式の情報多項式にX^kを乗じて，$G(X)$で割ったとき，その商を$Q(X)$，余りを$R(X)$とすれば，（4）式であらわされる。

$$\frac{X^k P(X)}{G(X)} = Q(X) + \frac{R(X)}{G(X)} \cdots\cdots\cdots\cdots\cdots\cdots (4)$$

　ここで$R(X)$は$k-1$次の剰余多項式で，（5）式のように表す。

$$R(X) = C_k X^{k-1} + C_{k-1} X^{k-2} + \cdots + C_1 \cdots\cdots\cdots\cdots (5)$$

　この多項式の係数$(C_k C_{k-1} \cdots C_1)$がチェックビットである。サイクリックコードは情報ビッ

トに，これらを付け加えたもので，

$$V = (b_n b_{n-1} \cdots b_1, C_k C_{k-1} \cdots C_1)$$

$$= \underbrace{(b_n b_{n-1} \cdots b_1 \overbrace{00 \cdots 0}^{k個})}_{X^k P(X)} + \underbrace{(C_k C_{k-1} \cdots C_1)}_{R(x)}$$

したがって，サイクリックコード化された V の多項式 $F(X)$ は，（6）式で表される。

$$F(X) = X^k P(X) + R(X) \quad \cdots\cdots\cdots\cdots\cdots\cdots \quad (6)$$

2．サイクリックチェック

受信側で受け取ったサイクリックコードは，（6）式に従うはずである。（6）式と（4）式から $X^k P(X)$ を消去すると，

$$F(X) = Q(X) \cdot G(X) + R(X) + R(X)$$

となる。モジュロ2の演算では，$R(X) + R(X) = 0$ であるので，この項は消えて，（7）式が得られる。

$$F(X) = Q(X) \cdot G(X) \quad \cdots\cdots\cdots\cdots\cdots\cdots \quad (7)$$

（7）式の $F(X)$ を $G(X)$ で割ると，余りは0であることを示している。したがって，検出されるサイクリックコードの多項式 $F(X)$ は，余りがなければ $F(X)$ は $G(X)$ で割り切れることになる。

検出結果：
・割り切れた場合（誤りなし），チェックビットを取り除いて複合化を行い，情報ビットのみを取り出す。
・割り切れなかった場合（誤りあり），誤りがあるので破棄し，再送を促すことになる。

3．検出能力

生成多項式 $G(X)$ の k 次の次数は，k ビット以下のバースト誤りをすべて検出することができる。$k+1$ ビットのバースト誤りを見逃す割合は $2^{-(k-1)}$，$k+2$ ビット以下のバースト誤りを見逃す割合は，2^{-k} である。また奇数個の誤りはすべて検出できる。

パリティチェックコードは，$G(X) = X + 1$ によって作られたサイクリックコードである。

生成多項式は CCITT の勧告 V.41 では，$G(X) = X^{16} + X^{12} + X^5 + 1$ が示されている。

〈例 題〉情報ビット，および生成多項式は次の通りである。問題に答えなさい。

　　　情報ビット $P = (10 \ 0010 \ 0101)$,
　　　生成多項式 $G(X) = X^5 + X^4 + X^2 + 1$

（1）サイクリックコード CRC を求めなさい。（CRC の算出）

（2）（1）で求めたCRCを生成多項式で割ると，余りは0になり「誤りなし」になることを確かめなさい。（誤り検出）

〔解　答〕

$X^5 P(X)/G(X)$, $V(X)/G(X)$ を係数だけの計算で行う。

（1）CRCの算出

```
                1110001111
       110101 ) 100010010100000
              ⊕ 110101          ⌣
                                X⁵
                 101110
               ⊕ 110101
                  110111
                ⊕ 110101
                    100100
                  ⊕ 110101
                     100010
                   ⊕ 110101
                      101110
                    ⊕ 110101
                       110110
                     ⊕ 110101
```

余り：R(X) ⟶ 00011

CRCは：V = (1000100101　00011)
　　　　　　　情報ビット　　余り

（2）誤り検出

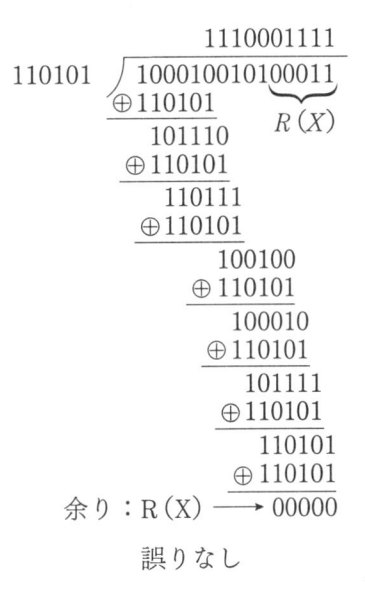

```
                1110001111
       110101 ) 100010010100011
              ⊕ 110101          ⌣
                                R(X)
                 101110
               ⊕ 110101
                  110111
                ⊕ 110101
                    100100
                  ⊕ 110101
                     100010
                   ⊕ 110101
                      101111
                    ⊕ 110101
                       110101
                     ⊕ 110101
```

余り：R(X) ⟶ 00000

誤りなし

問題　サイクリックコードについて，次の問題に答えなさい。

ただし，$G(X) = X^5 + X^3 + X + 1$

（1）情報ビットが 1110 1111 1101 のとき，サイクリックコードを求めなさい。

（2）サイクリックコードのビット列が 1000 1000 1101 011 であるとき，誤り検出をしなさい。

〔解　答〕　（1）11 1011 1101 11101　　（2）余り：10000 であるので誤りあり。

【練習問題】

問題1 次の数を（　）内の指示にしたがって基数変換をしなさい。
（1）50（8桁の2進数に変換）　　（2）1001 1100（10進数に変換）
（3）1111 0000（10進数に変換）　（4）26（8桁の2進数と16進数に変換）

問題2 次の基数を変換せよ。

2進数	10進数	16進数
111 0110	118	76
	256	
		AC5
	27	
1010		
		FABE

問題3 次の2進数を10進数に変換せよ。
（1）100 0000　　（2）1000 0000 0000　　（3）1000 0000 0000 0000
ヒント：最上位の桁が1で，その他の桁が0の場合，0の数がmのとき，10進数は2^mとなる。
（例）$10\,000 = 2^4$ ← 4個の '0'

問題4 次の2進数を10進数に変換しなさい。
（1）1111　　（2）11 1111 1111　　（3）1111 1111 1111 1111
ヒント：すべての桁が1の場合，1を加えて最上位以外の桁を0にして，最後に1を引く。
（例）$111_{(2)} = 111_{(2)} + 1_{(2)} - 1_{(2)} = 1000_{(2)} - 1_{(2)} = 2^3 - 1 = 7_{(10)}$

問題5 次の10進数を2進数に変換し，8ビット（2進数8桁）で示しなさい。
（1）168　　（2）1　　（3）107　　（4）255　　（5）254
（6）80　　（7）135　　（8）218　　（9）136

問題6 次の16進数を2進数8ビットで示しなさい。
（1）00　　（2）08　　（3）0D　　（4）0F　　（5）BD　　（6）13

問題7 2進数1001 1100の1の補数，2の補数を求めなさい。

問題 8　2の補数を用いて次の引き算を計算しなさい。
(1) 101 1011 － 010 1110　　(2) 110 1101 － 111 0000

問題 9　次の論理式を計算しなさい。
(1) $1 \oplus 0 \oplus 1 \oplus 1 \oplus 1 \oplus 0 \oplus 1 \oplus 0 \oplus 0 \oplus 0 \oplus 1 \oplus 1 \oplus 0 \oplus 0 \oplus 0 \oplus 1 \oplus 1 \oplus 1 \oplus 0 =$
(2) $\overline{1 + 0 + 1 + 1} =$
(3) $1 \cdot (0 + 1) =$
(4) $1 + \overline{0} \cdot 1 =$

問題 10　2進数5桁で表現できる数の種類，および表現できる範囲を求めなさい。

問題 11　情報の単位について，次の問題に答えなさい。
(1) 32ビットは，何バイトか。
(2) 1秒間に10,000,000ビット伝送するデータ通信がある。Mbpsの単位で示しなさい。
(3) 記憶容量が102,400 Kバイトのメモリを，M単位で表しなさい。
(4) 0.00000001秒をnsで示しなさい。

――――――――――――――― 解　答 ―――――――――――――――

問題 1

(1) 0011 0010　　(2) 156　　(3) 240　　(4) 0001 1010, 1A

問題 2

2進数	10進数	16進数
111 0110	118	76
1 0000 0000	256	100
1010 1100 0101	2757	AC5
1 1011	27	1B
1010	10	A
1111 1010 1011 1110	64190	FABE

問題 3

(1) $2^6 = 64$　　(2) $2^{11} = 2048$　　(3) $2^{15} = 32768$

問題 4

(1) $2^4 - 1 = 15$　　(2) $2^{10} - 1 = 1023$　　(3) $2^{16} - 1 = 65535$

問題 5

(1) 1010 1000　(2) 0000 0001　(3) 0110 1011　(4) 1111 1111
(5) 1111 1110　(6) 0101 0000　(7) 1000 0111　(8) 1101 1010
(9) 1000 1000

問題 6

(1) 0000 0000　(2) 0000 1000　(3) 0000 1101　(4) 0000 1111
(5) 1011 1101　(6) 0001 0011

問題 7

1の補数　0110 0011　　　　2の補数　0110 0100

問題 8

(1) ＋ 010 1101　　　　(2) － 000 0011

問題 9

(1) 0（1の数が偶数のときは0，奇数のときは1）　(2) 0　(3) 1
(4) 1

問題 10

表現できる数：$2^5 = 32$

表現できる範囲：$0 \sim 2^5 - 1$，すなわち $0 \sim 31$

問題 11

(1) 4バイト　(2) 10 Mbps　(3) 100 Mバイト　(4) 10 ns

第2章
ネットワーク・モデル

> **学習のポイント**
>
> ネットワークシステムを構成する基本概念および通信を行うために必要な約束事について学習する。また，ネットワークシステムの発展に対応できるシステムとして，汎用に使用，拡張することができる標準化について学習する。
>
> ☆　ネットワーク・アーキテクチャ
> ☆　ネットワークの標準化
> ☆　TCP/IP モデル，OSI 基本参照モデル
> ☆　LAN，WAN
> ☆　クライアント・サーバー
> ☆　インターネット通信
>
> | |
> |---|
> | アプリケーション層 |
> | プレゼンテーション層 |
> | セッション層 |
> | トランスポート層 |
> | ネットワーク層 |
> | データリンク層 |
> | 物理層 |

2.1 ネットワーク・アーキテクチャとプロトコル

（1）ネットワーク・アーキテクチャ

アーキテクチャ（architecture）は，もとは「建築様式」を意味する（図2.1）。ネットワークの世界では，**ネットワーク・アーキテクチャ**とは，「ネットワークの作りこみの基本となる考え方」という意味になる。

ネットワーク・アーキテクチャは，あくまでも基本概念であり，具体的なソフトウエアやハードウエアを作るときの指針となるものである。

図 2.1　建築様式

（2）プロトコル

プロトコル（protocol）とはもともと国と国の間の「外交議定書」という意味である。通信分野では，**プロトコル**は，「コンピュータ通信を行うために必要な約束事」という意味になる。すなわち，コンピュータとコンピュータがネットワークを利用して通信するために決められた約束事である。

約束事を実現するためのプロトコルには，次のような形態がある。

・ハードウエアに実装する。
　（例）ケーブルは8本のより線，コネクタは 42 ピンなど

・ソフトウエアに実装する。

（例）文字コード，フォーマット，通信手順，またこれらの約束事を取り込んだソフトウエアもプロトコルである。代表的なプロトコルに TCP と IP などがある。

ネットワーク・アーキテクチャとプロトコルの関係を考えてみよう。前者はネットワークシステムを考えるうえでの基本概念であり，後者は通信を実現するための約束事である。これを法律にたとえると，ネットワーク・アーキテクチャは憲法，プロトコルは法律に相当するものと考えることができる。

（3）クローズドネットワーク・アーキテクチャ

1970年代になると，コンピュータをつないでネットワークシステムへの展開が始まった。その頃，圧倒的なシェアを持ったのが IBM である。IBM は世界で初めて SNA（System Network Architecture）というネットワーク・アーキテクチャを作った。このときアーキテクチャという言葉がはじめて使われた。SNA の特徴は，IBM が独自の閉じた構成方法で組み上げたので，他のシステムと接続することはできなかった。このように他社のネットワークに接続できないシステムを**クローズドネットワーク・アーキテクチャ**（Closed Network Architecture）と呼ぶ。

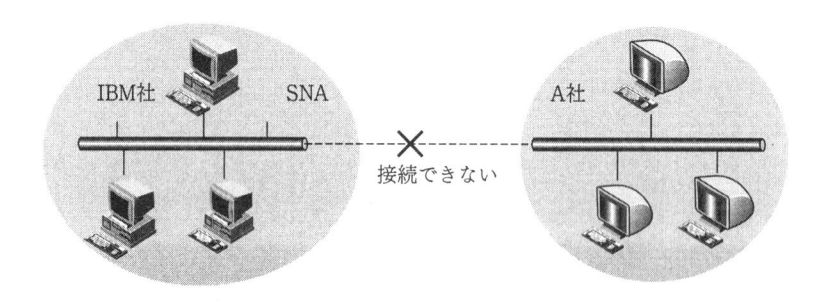

図 2.2　他社のネットワークに接続不能

このような流れの中で日本のメーカーでも，表 2.1 に示すようなネットワーク・アーキテクチャを発表した。

表 2.1　日本の代表的なネットワーク・アーキテクチャ

会社名	アーキテクチャ名
日本電気	DINA（Distributed Information-process Network Architecture）
富士通	FNA（Fujitsu Network Architecture）
日立製作所	HNA（Hitachi Network Architecture）
三菱電機	MINA（Multi-shared Network Architecture）
沖電気	DONA（Decentralized Open Network Architecture）

（4）オープンネットワーク・アーキテクチャ

システムの標準化は，より汎用的に誰でも利用しやすいものにするという目的がある。このように標準化されたシステムを**オープンシステム**（Open System）という。標準化したオープンシステムの例として，中学校の教育制度を取り上げる。わが国の中学校は3学年制であり，どこの中学校でも学年ごとに同じカリキュラムで学習する。このように標準化したシステムを図2.3に示す。A中学校でも，B中学校でも学習している内容は学年ごとに同じである。したがって，A中学校からB中学校に転校しても同じカリキュラムであるので進捗状況は多少異っても，すんなりと転校した中学校の学習に入ることができる。

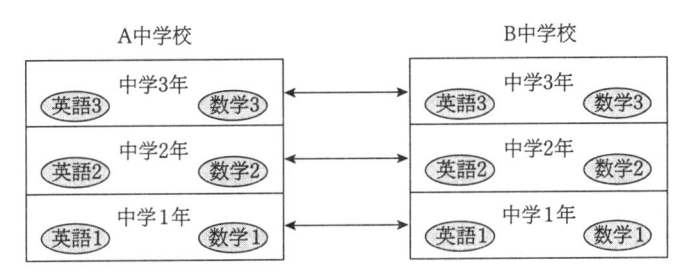

図 2.3　カリキュラムの標準化

ネットワークシステムでは機能の階層化から始まった。通信機能は多くの機能を含んでおり，データの送信方法，中継方法，確認方法，情報の表現方法などがある。このような，通信機能をまとめて扱うと，技術の進歩や新たな通信方式への対応が困難になる。このことを解決するために，次に示す方針に基づく通信機能の階層化が生まれた。
① 少ない階層に分割する。
② 階層間のやりとりを単純にできるように分割する。
③ 各層は独立性の高い機能として分割する。

上に述べた方針に従って階層化を実現すると，各階層は独立したものとして扱うことができ，次のメリットがあげられる。
① 新しい機能の追加・修正が容易になる。すなわち，ある階層を変更しても，その影響はシステム全体に波及しないため，拡張性（追加）や修正が容易になる。
② 機能が分割化されているために，トラブル時に原因を発見しやすい。

またデメリットとしては，次のことがあげられる。

階層化により，モジュール化を進めすぎると，処理が重くなり，各モジュールで似たような処理をしなければならなくなる。その結果，無駄が増えるという問題が生ずる。

さてネットワークの世界に目を転ずると，1970年代はメーカーごとに，さまざまなネットワーク・アーキテクチャが乱立した。異なるネットワーク・アーキテクチャのため，他社のネットワークに接続することは困難であった。メーカー自身も他社のシステムに接続することに消極的で，特にIBMのSNAは他社との接続を嫌った。

しかしユーザーからメーカーに依存しない，異機種のコンピュータ間で通信を行う要望が強まった。そして考えられたのがネットワーク・アーキテクチャの標準化である。

2.2 TCP/IP モデル

インターネットで使われるプロトコルに TCP/IP モデルがある。1970 年の中期は，まだ現在のようなインターネットではなく，その原型は ARPANET と呼ばれていた。現在のようなプロトコルに成長するには長い過程を経たが，図 2.4 のような 4 階層にまとめられた。

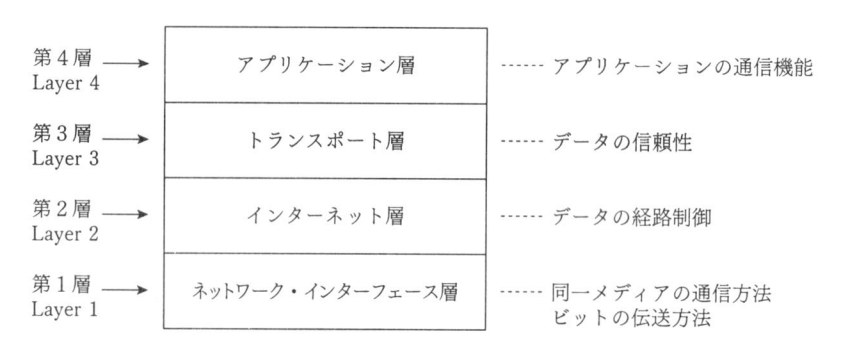

第 4 層 → Layer 4	アプリケーション層	…… アプリケーションの通信機能
第 3 層 → Layer 3	トランスポート層	…… データの信頼性
第 2 層 → Layer 2	インターネット層	…… データの経路制御
第 1 層 → Layer 1	ネットワーク・インターフェース層	…… 同一メディアの通信方法 ビットの伝送方法

図 2.4　TCP/IP モデルの構造と機能

TCP/IP モデルには，他には見られない特徴がある。TCP/IP モデルが早急に普及した原動力として考えられるものに標準化の精神がある。その精神は他の標準化と比べると次の 2 点が特徴的である。

（1）オープン化

プロトコルは誰でも提案・議論に参加することができる。そのとりまとめ役をするのが，IETF（Internet Engineering Task Force）である。IETF では，参加者から新しい提案があると，これをインターネットドラフト（draft：草案）として公開する。そしてさまざまな人々が議論をして，RFC（Request For Comment：コメントを下さい）文書に昇格する。それを標準規格として RFC ファイルに掲載する。この RFC は誰でも見ることができ，次の URL のインターネット上で公開されている。

　　　　http://www.ietf.org/ID.html

RFC に登録されたプロトコルはインターネットの標準仕様として通し番号が付けられ管理される。よく知られているものとして，IP と TCP があるが，これらの通し番号は次の通りである。

　　　　IP：791,　　　TCP：C793

（2）実用化

実際にプロトコルの実装を念頭に作業が進められる。プロトコルの詳細仕様を決めるときは，そのプロトコルを実装する装置で実験し，限定的な通信の可能性を確かめる。仕様が決まったら，複数の装置で実験を行う。そして議論を行い改善の必要がある場合はプロトコル

やプログラム，ドキュメントの修正作業が行われる。この作業を繰り返して，プロトコルを完成させて，標準化する。

　TCP/IP モデルは公的な標準機関で規格化されたものではなく，プロトコルが企業，グループや個人の提案により，IETF がとりまとめたものである。このような標準化をデファクト標準という。デファクト（de fact）は the fact のラテン語である。

2.3　OSI 基本参照モデル

　標準化に向かって 1978 年 2 月に ISO（International Organization for Standardization：国際標準化機構）でネットワーク・アーキテクチャの国際標準化の検討が開始された。この検討には日本，米国，ヨーロッパなどが中心となり，5 年の歳月を費やして 1983 年 3 月に開放型システム相互接続（OSI：Open Systems Interconnection）のための **OSI 基本参照モデル**が作られた。

　オープンネットワーク・アーキテクチャとして，ISO が提唱した OSI 基本参照モデルは，図 2.5 のように役割ごとに 7 つの階層に分類された。各層では何をするか，役割を定義し，その各層の役割にあてはまるプロトコルを割り当てた。そのプロトコルは約束事で，約束事は仕様である。その仕様に準拠した製品作りを行うことになる。

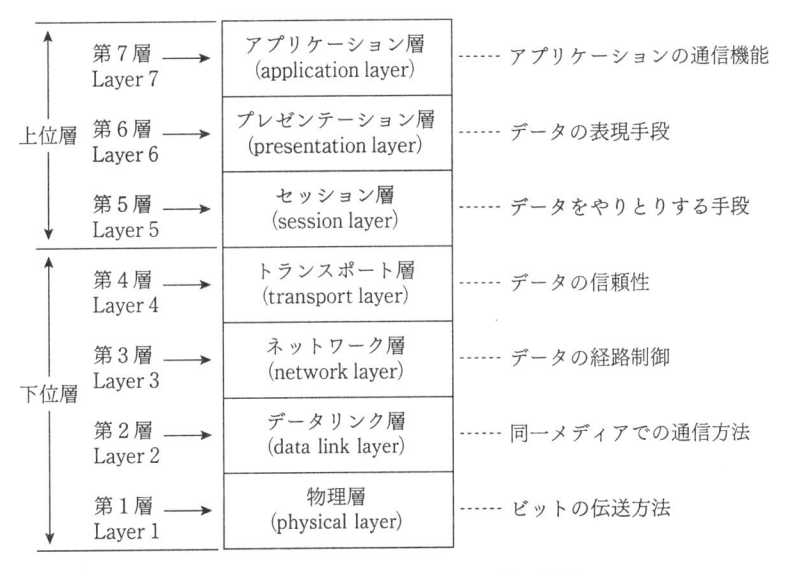

	層	名称	機能
上位層	第 7 層 Layer 7	アプリケーション層（application layer）	アプリケーションの通信機能
	第 6 層 Layer 6	プレゼンテーション層（presentation layer）	データの表現手段
	第 5 層 Layer 5	セッション層（session layer）	データをやりとりする手段
下位層	第 4 層 Layer 4	トランスポート層（transport layer）	データの信頼性
	第 3 層 Layer 3	ネットワーク層（network layer）	データの経路制御
	第 2 層 Layer 2	データリンク層（data link layer）	同一メディアでの通信方法
	第 1 層 Layer 1	物理層（physical layer）	ビットの伝送方法

図 2.5　OSI 基本参照モデルの構造と機能

　OSI 基本参照モデルは 2 つの層に大別される。第 1 層～第 4 層までを下位層，第 5 層～第 7 層までを上位層としている。第 1 層が最もハードウエアに近く，電気信号に関するプロトコルを扱う部分である。第 7 層は最もユーザー（利用者）に近いアプリケーションのプロトコルを扱う部分である。各層は Layer と呼ばれ，物理層が Layer 1，データリンク層が Layer 2 と番号で表される。また簡単に L 1，L 2 と表されることが多い。

OSI 基本参照モデルのように公的な標準機関において規格化されたものをデジュリ (de jure) 標準という。ここでデジュリは by law のラテン語である。

OSI 基本参照モデルが発表されて，これに準拠した通信ソフトや通信機器が製品化されてコンピュータ市場を凌駕するはずであった。実際に OSI 基本参照モデルに基づいた具体的なプロトコルも開発されたが，あまり普及しなかった。この理由は，OSI 基本参照モデルに先がけて TCP/IP に準拠したコンピュータ・ネットワークが急速に普及したために，後発の OSI 準拠の製品は普及しなかった。

OSI 基本参照モデルは現在，ネットワークを学習するための「基本参照モデル」としての役割りのみとなっている。

図 2.6 で TCP/IP モデルと OSI 基本参照モデルを比較した。図に見られるように，OSI 基本参照モデルでは，TCP/IP モデルの上位層を 3 つの層に分けている。また，TCP/IP モデルの第 1 層を OSI 基本参照モデルでは 2 つの層，物理層とデータリンク層に分けた。

このように，OSI 基本参照モデルでは，詳細に機能分割が行われているので，ネットワーク学習の教材として役立っている。

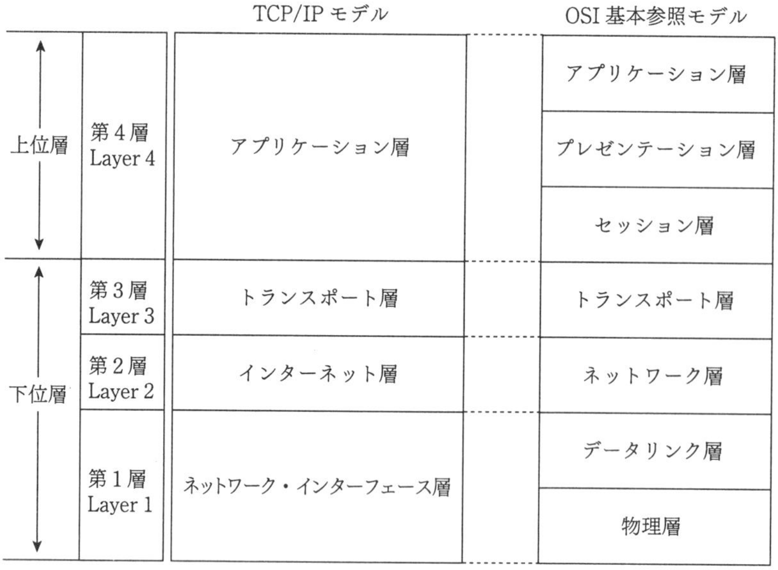

		TCP/IP モデル	OSI 基本参照モデル
上位層	第 4 層 Layer 4	アプリケーション層	アプリケーション層
			プレゼンテーション層
			セッション層
下位層	第 3 層 Layer 3	トランスポート層	トランスポート層
	第 2 層 Layer 2	インターネット層	ネットワーク層
	第 1 層 Layer 1	ネットワーク・インターフェース層	データリンク層
			物理層

図 2.6 TCP/IP モデルと OSI 基本参照モデルの比較

2.4 LAN の規格

LAN (Local Area Network) は企業のビル内，学校のキャンパス内，また工場の敷地内などの限られたエリアに敷設された通信ネットワークである。現在，使われている LAN の多くが，Ethernet の形式を採用している (図 2.7)。

Ethernet の他に，トークンパッシング方式や ATM-LAN などがある。数量的に Ethernet は

他の方式を凌駕しており，数量効果による価格では，他の方式のLANは太刀打ちできない状態である。

(1) Ethernet

　Ethernetの起源は，1970年代にさかのぼる。1973年5月にゼロックス社では，限られた敷地内に高速ネットワークを完成させた。開発リーダのロバート・メトカフ（Robert M. Metcalfe）は，この高速ネットワークにEthernetと名付けた。19世紀末まではエーテルが宇宙に充満して，そのエーテルが宇宙からの光を伝える媒体であると信じられていた。エーテルを媒体としたネットワークということでEthernetが命名された。Ethernetの伝送速度は当初2.94Mbpsで，1970年代のシリアル伝送速度9600bpsに比べると約300倍の速さになる。

　その後，1979年にEthernetの製品化と普及を目指して，ゼロックス（Xerox）社はインテル（Intel）社，デック（DEC）社と共にコンソーシアム（consortium：共同研究所）を立ち上げた。その結果，1980年にEthernetを標準化して，「DIX規格」を発表した。このDIXは3社の頭文字を取ったものである。このDIX規格の伝送速度は10Mbpsであった。

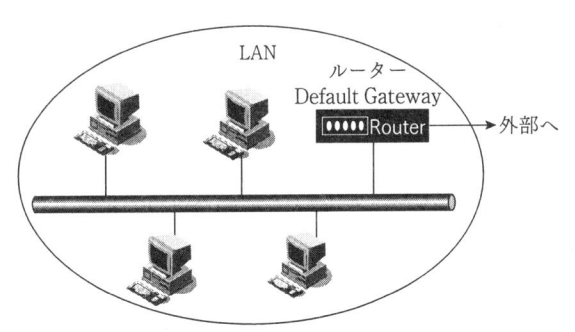

図2.7　LANの構成（狭い範囲の通信システム）

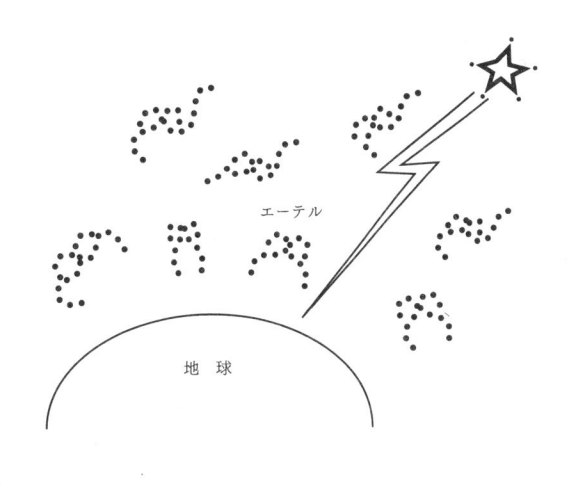

(2) IEEE802.3

　さらに，標準化はIEEEによって行われた。IEEEはInstitute of Electric & Electronics Engineers（米国電気電子技術者協会）の略号で，アイトリプルEと読む。

　1983年には，DIX規格をベースとしてIEEEが標準化を行い，IEEE802.3という規格が成立した。その後，伝送速度が10Mbpsから100Mbps，1Gbpsなどに高速化されたものや，ツイストペアケーブルや光ファイバなどの伝送媒体を使用した規格が作られた。

　IEEE802.3の公的な規格（de jure標準）が生まれた時点で，Ethernetという名前は消えるはずであった。しかし，先行したEthernetという名前は今も使い続けられている。

2.5 WAN

WAN（Wide Area Network）は遠く離れたLAN同士をつないだ通信ネットワークである。LANとLANを接続するための通信回線はWAN回線と呼ばれる。離れたLAN同士を次々につなぐと，できあがった巨大なネットワークがインターネットである（図2.8）。

WAN回線は公道をまたぐような伝送路であるので，ユーザーが自分で敷設することはできない。わが国では，電気通信事業法により，第一種電気通信事業者が敷設した回線を借りて利用する。WAN回線は比較的LANに比べて低速で，品質も低い。

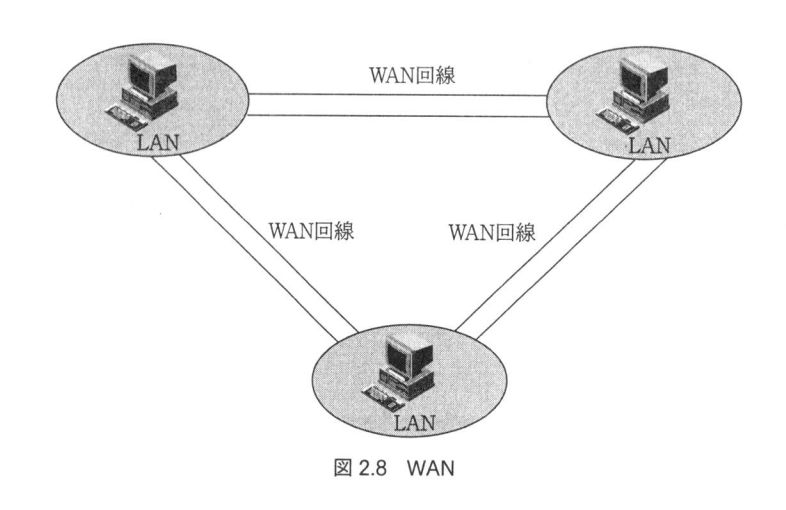

図2.8 WAN

2.6 クライアント・サーバー方式

TCP/IP通信では，「クライアント・サーバー方式」と呼ばれる形態で通信が行われる。クライアント（Client）は依頼人，サーバー（Server）は「サービスを提供する者」という意味である。弁護士事務所に訴訟などを依頼するとき，依頼人をクライアント，事務所側をサーバーという。言葉の意味から依頼人であるクライアントは自分で処理（仕事）をすることはない。これに対してサーバーは依頼人の要求に対して処理（仕事）を行い，結果をクライアントに返す。

クライアント・サーバー方式では，クライアントが通信を使って，サーバーに処理を依頼する。依頼されたサーバーは要求に従って，処理を実行する。処理結果はクライアントに返送される（図2.9）。

サーバーは処理に対して専門性をもつ。インターネット通信のWWWはWWWサーバー，ファイルを格納するサーバーはファイルサーバー，メールを処理するサーバーはメールサーバーと呼ばれる。

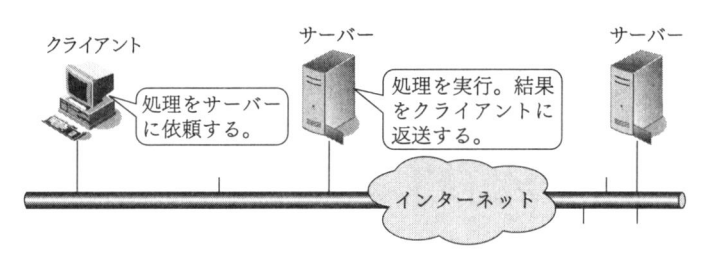

図2.9 クライアント・サーバー方式

2.7 OSI基本参照モデルによる通信

OSIの7階層のモデルで，ネットワーク上でのデータ通信のプロセスを追ってみよう。図2.10のように，パソコンAから中継ノード（ルーター）を経て，パソコンBにデータを送る場合を考える。

双方のシステムは図2.10のOSI基本参照モデルによる7階層モデルで構成されている。データはシステムAの7階層から順次中間層を経由して，物理層に到着する。各層を経由するときにデータにヘッダが付加される。物理層から伝送媒体を経て中継ノード（ルーター）に入る。

中継ノードは第1層～第3層までを通過する。そして再び物理層から伝送媒体を経てパソコンBの物理層に入る。

パソコンBでは物理層から上位の層に上り，各層に相当するヘッダが取り除かれ，第7層へとあげられる。

このように，OSI基本参照モデルは物理層から始まりアプリケーション層までの7階層を使って通信することになり，各層ごとに機能分担と処理内容が規定されている。したがってネットワークは，ほとんどがソフトウエアの問題として取り扱うことができる。

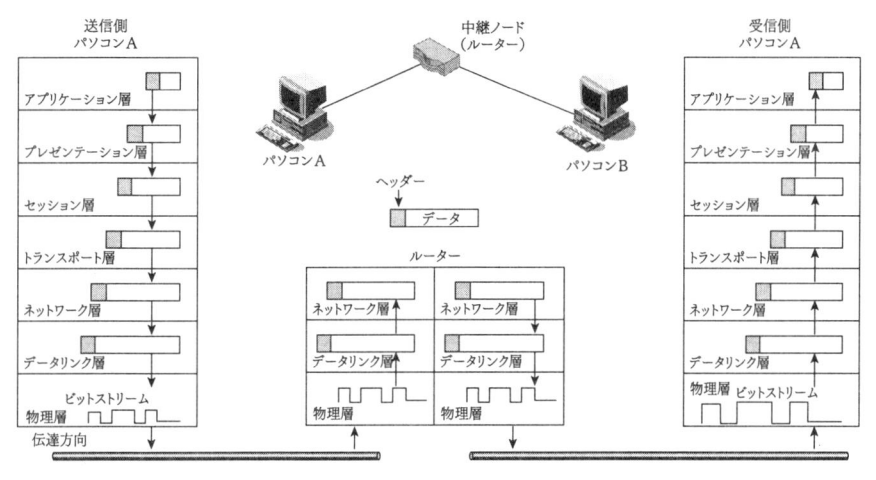

図2.10 データ伝送

2.8 メールの送信・受信の仕組み

メールを送受信する場合について，そのプロトコルの働きと，通信の仕組みを見てみよう。データにヘッダ情報をつけたものをパケットと呼ぶ。このパケットには固有の名前がつけられ，システムの中を流れることになる。

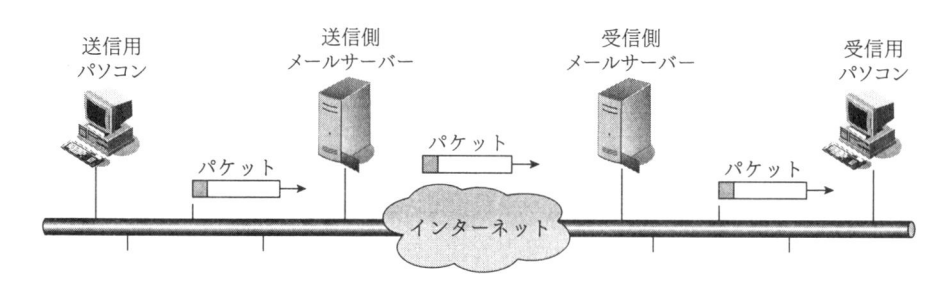

図 2.11　メールの送信・受信

メールの通信では，送信側パソコンと受信側パソコンが直接にやりとりするのではなく，図 2.11 のように両者の間にメールサーバーと呼ばれるコンピュータが介在する。つまり，送信側では，パソコンで作られたメールが送信側メールサーバーに送られる。そして，そのメールは送信側メールサーバーからインターネット経由で受信側メールサーバーに送信される。受信側パソコンでは受信側メールサーバーからメールが読み込まれる。

送信データの流れをパケットレベルで見てみよう。図 2.12 を参照しながら，その流れを追ってみる。OSI 基本参照モデルを用い，説明を簡単にするためにアプリケーション層，プレゼンテーション層，セッション層を上位層としてまとめて表した。

メールの送信

メールソフトでメールを作り，送信ボタンをクリックすると，データがアプリケーション層のメール送信用のプロトコル SMTP に渡される。

（a）上位層

上位層では SMTP がデータにヘッダ情報（SMTP ヘッダ）を付加して，データをカプセル化する。SMTP ヘッダとデータ部をまとめて，SMTP メッセージという。そしてトランスポート層の TCP プロトコルに渡す。

（b）トランスポート層

トランスポート層では SMTP メッセージをカプセル化して，ヘッダ情報（TCP ヘッダ）を付加する。カプセル化したデータと TCP ヘッダをまとめて，TCP パケットという。そして，TCP パケットはネットワーク層の IP プロトコルに渡される。

（c）ネットワーク層

ネットワーク層では，IPがTCPパケットをカプセル化してヘッダ情報（IPヘッダ）を付ける。TCPパケットとIPヘッダをまとめて，IPパケットという。IPパケットは，データリンク層のEthernetプロトコルに渡される。

（d）データリンク層

データリンク層では，EthernetがIPパケットをカプセル化してヘッダ情報（MACヘッダ）を付ける。IPパケットとMACヘッダをまとめてMACフレームという。

（e）物理層

MACフレームはネットワークカードによって，0と1の信号に変換されてビットストリームとして通信媒体に送り出される。これで送信が完了する。

このように上下の層の関係は，上の層の機能を実現するために，下の層の機能を利用することになる。このようにして最終的には，最下位層のプロトコルを利用して，メールが通信媒体に送り出される。

送信側から送られたパケットは通信媒体を経て，送信側メールサーバーに蓄えられる。

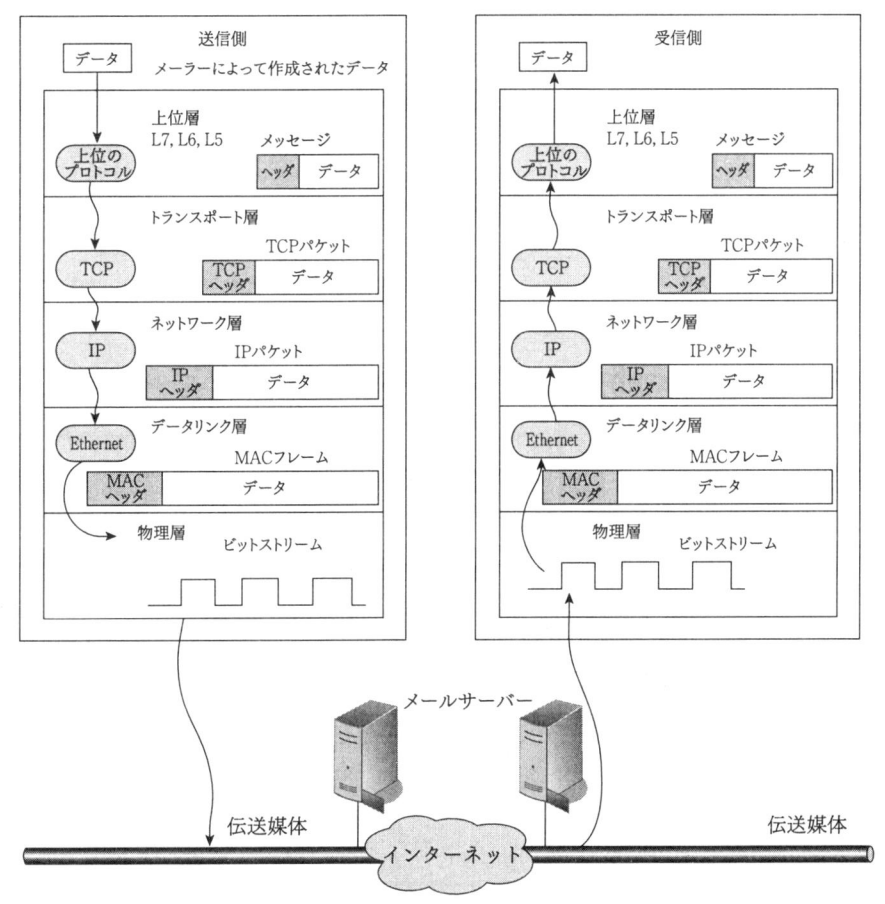

図2.12 メールの送受信データの流れ

メールの受信

メールは送信側のメールサーバーからインターネット経由で受信側のメールサーバーに送信される。受信側のパソコンでは，受信側メールサーバーからデータを読み込むことになり，データの流れは，送信時と逆の流れになる。

（a）物理層

電気信号で伝送媒体から送られたビットストームは受信側のネットワークカードに届く。

（b）データリンク層

データリンク層では，ビットストリームを MAC フレームに変換して MAC ヘッダを調べる。あて先 MAC アドレスが自分宛であれば受け取る。そして MAC ヘッダを外して，データを上位層の IP に渡す。

（c）ネットワーク層

ネットワーク層では，データリンク層からデータを受け取り，IP ヘッダを読み取る。あて先 IP アドレスが自分であることを確認する。そして IP パケットのヘッダ部分を取り除いて，上位層の TCP に渡す。

（d）トランスポート層

トランスポート層では，ネットワーク層から受け取ったデータから TCP ヘッダを読み取る。そして，TCP ヘッダを取り除いて上位層のプロトコルにデータを渡す。

（e）上位層

トランスポート層から受け取ったデータはこの層のプロトコルで受信処理を行い，結果をメーラに渡す。

2.9 データの単位の呼称

ネットワークを流れるデータの呼び名として「パケット」と「フレーム」という2つの言

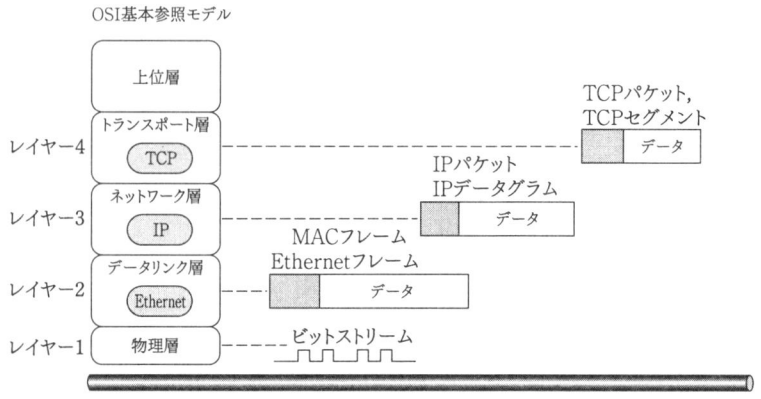

図 2.13 レイヤーとデータ名

葉がでてきた。ここでは，場面とデータの呼び名の関係を明確にする。

レイヤーごとに呼び方が違う。ネットワークでデータをやりとりする場合，決まった方式でデータを細かく区切って，データを並べる必要がある。そうしないと，コンピュータ同士がデータを正しく処理できない。つまり，プロトコルによってデータを送る単位が決まっている。このデータの単位をPDU（Protocol Data Unit）と呼ぶ。フレームもパケットもPDUの呼び名である。同じレイヤーのデータ単位は，ほぼ同じ呼び名である。

① レイヤー2の単位

フレームはレイヤー2の通信で使われるPDUの呼び名である。レイヤー2のプロトコルとしては，Ethernet，PPP，HDLCなどがある。ここで使うPDUはすべてフレームと呼ばれる。EthernetならばMACフレーム，PPPならPPPフレーム，HDLCならHDLCフレームである。

② レイヤー3の単位

パケットという呼び名が使われる。IPは，レイヤー3のプロトコルである。そのためにIPパケットと呼ばれる。その他に，IPデータグラムと呼ぶことがある。

③ レイヤー4の単位

パケットという呼び名が使われる。その他にセグメントという呼び方もあり，TCPセグメント，UDPセグメントと呼ぶこともある。

このようにデータの単位はレイヤーの違いによってだいたい呼び方が決まっているが，これが厳密に区別されているとは限らない。

【練習問題】

問題1 次の語を説明しなさい。
（1）ネットワーク・アーキテクチャ
（2）プロトコル
（3）クローズドネットワーク・アーキテクチャ
（4）WAN回線

問題2 ネットワーク・アーキテクチャの標準化はなぜ必要か。

問題3 ISOが提唱した7階層のネットワーク・アーキテクチャの構造を述べなさい。

問題4 階層化のメリットを述べなさい。

問題5 TCP/IPの標準化の精神として，その特徴を述べなさい。

問題6 TCP/IP モデルについて次の問題に答えなさい。
(1) 階層化の構造を述べなさい。
(2) プロトコルはどの機関が管理するか。
(3) プロトコルが書かれているファイル名を述べなさい。
(4) このモデルがデファクト (de fact) である理由を述べなさい。

問題7 Ethernet, IEEE802.3 について次の問題に答えなさい。
(1) Ethernet の名前の由来を述べなさい。
(2) 初期の Ethernet の伝送速度は何 Mbps か。
(3) DIX 規格を作り上げた3社の名前をあげなさい。
(4) DIX 規格の伝送速度は何 Mbps か。
(5) IEEE802.3 はどの機関が何をベースにして標準化したか。

問題8 クライアント・サーバー方式について，次の問題に答えなさい。
(1) クライアント，およびサーバーの役割を述べなさい。
(2) サーバーの種類をあげなさい。

問題9 次の図に，階層名，ヘッダ名，そしてパケット名を記入しなさい。

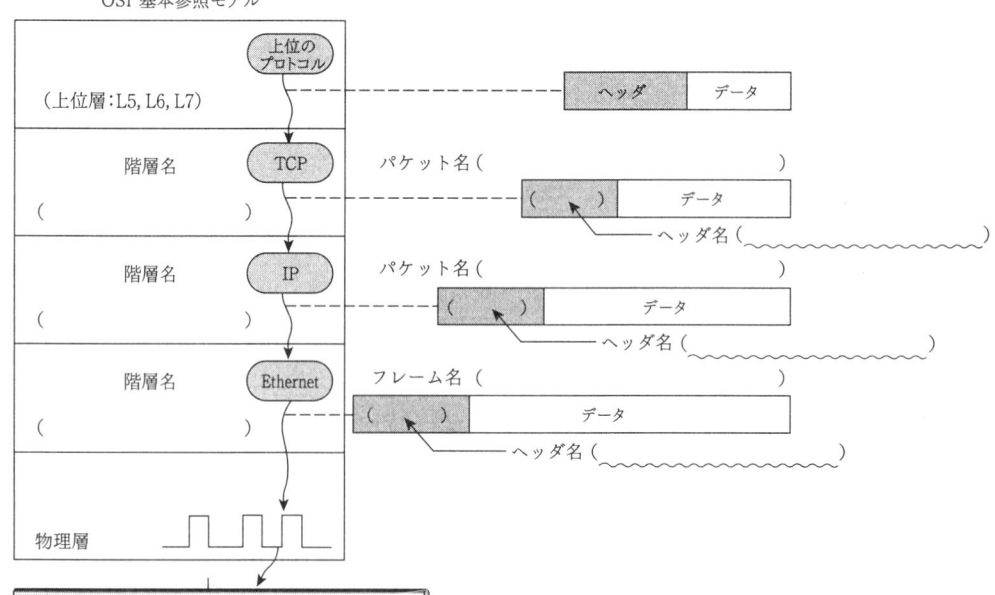

OSI 基本参照モデル

（上位層：L5, L6, L7） ← 上位のプロトコル ───→ ［ヘッダ｜データ］

階層名（　　　　） ← TCP ───→ パケット名（　　　　　　　　　）
［(　)｜データ］
ヘッダ名（　　　　　　　　　）

階層名（　　　　） ← IP ───→ パケット名（　　　　　　　　　）
［(　)｜データ］
ヘッダ名（　　　　　　　　　）

階層名（　　　　） ← Ethernet ───→ フレーム名（　　　　　　　　　）
［(　)｜データ］
ヘッダ名（　　　　　　　　　）

物理層

第2章 ネットワーク・モデル　27

――――――― 解　答 ―――――――

問題 1

（1）ネットワークの作り込みの基本となる考え方
（2）コンピュータ通信を行うために必要な約束事
（3）独自の閉じた構成方法で組み上げたネットワークで，他のネットワークと接続できないシステム
（4）遠く離れた LAN 同士をつないだ通信ネットワーク

問題 2

システムの標準化は，汎用的に誰でも利用しやすいようにするためである。

問題 3

図 2.5 参照

問題 4

①新しい機能の追加，修正が容易になる。すなわち，ある層を変更してもシステム全体に影響しないので，拡張性や修正が容易になる。
②機能が分割化されているので，トラブル時に原因を発見しやすい。

問題 5

①オープン化：プロトコルの提案・議論は誰でも参加することができる。
②実用化：プロトコルは実装を念頭に（改良・改善され）完成させて標準化される。

問題 6

（1）図 2.4 参照　（2）IETF　（3）RFC
（4）公的機関による標準化ではなく，コンピュータメーカー（ベンダ）や通信事業者といった企業や，ある人が個人的に作ったプロトコルが基になっているからである。

問題 7

（1）19 世紀末まで，エーテルが光を伝える媒体であると信じられていた。これに由来して，エーテルを媒体としたネットワークということで，ロバート・メトカフは Ethernet，すなわちエーテル（Ether）を媒体としたネット（Net）と名前を付けた。
（2）2.94Mbps　（3）DEC 社，Intel 社，Xerox 社　（4）10Mbps
（5）IEEE が DIX 規格をベースに規格化したものである。

問題 8

（1）クライアントがネットワークを使って，サーバーに処理を依頼し，依頼されたサーバーは要求にしたがって，処理を実行する。処理結果はネットワーク通信によってクライアントに送り届けられる。

（2）①インターネットの WWW サーバー，②ファイルを格納するファイルサーバー，③メールを処理するメールサーバー，など

問題 9

図 2.12，図 2.13 参照

第3章
物理層／データリンク層

学習のポイント

本章では，下位の物理層，データリンク層のプロトコル，特にハードウエアの規格について学習する。

☆　ケーブルの規格
☆　符号変換
☆　フレームの生成と構造
☆　MACアドレス
☆　LANスイッチ

アプリケーション層
プレゼンテーション層
セッション層
トランスポート層
ネットワーク層
データリンク層
物理層

3.1　物理層

物理層はケーブルや電気信号などを扱うプロトコルが所属するグループである。このプロトコルでは一番多く使われているのがEthernetで，本節ではケーブルの規格と電気信号について述べる。

3.1.1　ケーブルの規格

Ethernetでは，伝送媒体にツイステッド・ペア・ケーブルと光ファイバが使われる。伝送速度や伝送媒体によって，10BASE-T，100BASE-TXなど呼び方がある。これらの名前はIEEE802.3委員会が決めたものでEthernetの標準的な表現方法である。命名のルールは，

　　＜伝送速度＞＜信号形式＞＜伝送媒体＞

の形式で表される。

たとえば，10BASE-Tでは，伝送速度＝10Mbps，信号形式がベースバンド方式，伝送媒体はツイステッド・ペア・ケーブルである。

（1）伝送速度

現在，最も使われているのが100BASE-TXという規格である。100BASE-TXの「100」は

伝送速度を M（メガ）bps（bits per second）という単位で表す。1 bps は1秒間に1ビットのデータが送れることを示す。1 M（メガ）＝ 1,000,000 であるので，100Mbps は 100,000,000bps のデータを伝送することができる。

（2）信号形式

BASE はベースバンドという方式で伝送することを示す。ベースバンドは符号化した電気信号に手を加えずに，そのまま伝送する方式である。

（3）伝送媒体

10BASE-T，100BASE-TX の T はツイステッド・ペア・ケーブル（Twisted Pair Cable）を示し，伝送媒体にはより線が使われることを示している。

3.1.2 ツイステッド・ペア・ケーブル

ツイステッド・ペア・ケーブルの標準化は TIA（米国通信工業会）と EIA（米国電子工業界）によって行われ，「TIA/EIA-568-A」という標準で規定されている。

（1）構　造

Ethernet の 10BASE-T，100BASE-TX では，ツイステッド・ペア・ケーブルでシールドのない UTP（Unshielded Twisted Pair）が使われる。このケーブルの中には8本の銅線があり，図3.1 のように2本ずつ寄り合わせてある。このように寄り合わせることによりノイズの影響を受けにくくしている。寄り合わせた銅線は4組あり，それぞれの銅線は番号が振られており，図3.2 のように RJ-45 のコネクタに結線される。このうち1組は受信用に，もう1組は送信用に使用される。残りの2組は使われない。

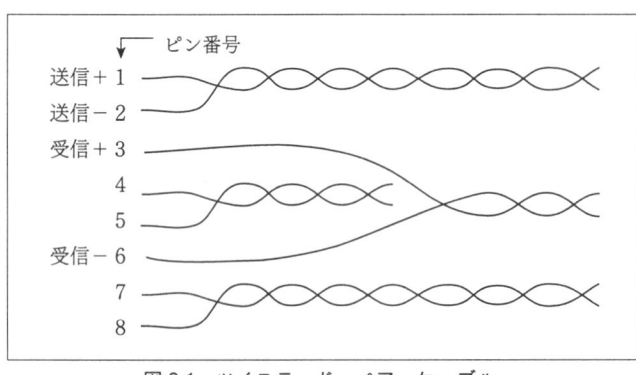

図 3.1　ツイステッド・ペア・ケーブル　　　　図 3.2　RJ-45 コネクタ

（2）ケーブルの品質

ツイステッド・ペア・ケーブルの品質は伝送特性によって「カテゴリ」として分類される。カテゴリは大きいほど伝送特性がよい。10BASE-T ではカテゴリ3，100BASE-TX はカテゴリ5を使用する。最近ではカテゴリ5が安価になったので 10BASE-T でもカテゴリ5を

使っている。カテゴリと伝送特性を表3.1に示す。

表3.1 カテゴリと伝送特性

カテゴリ	伝送帯域	定格インピーダンス	より線の回数
3	16MHz	100Ω	2回程度/30cm
5	100MHz	100Ω	規定なし

3.1.3 光ファイバ

Ethernetでは，光ファイバが伝送媒体として使われる。光ファイバを使用するEthernetには，10BASE-F，100BASE-FX，1000BASE-LX，1000BASE-SXなどがある。

光ファイバは，図3.3に見られるように屈折率の高い透明な物質（ガラスやプラスチック）などをコアとして，その回りをクラッドと呼ばれる屈折率の小さい物質で包んで繊維状にのばしたものである。

コアに入った光はクラッドとの間で全反射を繰り返しながら進んでいく。光はコアの外に出ないので，少ない減衰量で光を遠方まで伝送できる。

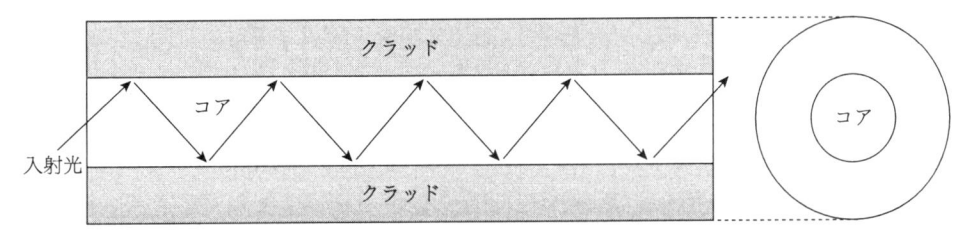

図3.3 光ファイバの原理

光ファイバはノイズに強く，伝送速度が高速で大量のデータを伝送することができる。光ファイバは光が複数の伝送路を通るマルチモードと，1つの伝送路を通るシングルモードがある。これらのモードの特徴を次に述べる。

（1）マルチモード

図3.4（a）に示すようにマルチモードはシングルモードよりもコアの直径が大きいので，ファイバの接続が簡単にできる。マルチモードは，コア部分が太く，光の伝送路が複数ある。このために光が反射する回数が多くなり減衰がシングルモードよりも早く，伝送距離は短くなる。送信と受信に2本の光ファイバが必要である。マルチモードは，10BASE-F，100BASE-FX，1000BASE-LX，1000BASE-SXのすべてで使用できる。

（2）シングルモード

シングルモードは光の伝送路が1つしかない。図3.4（b）に示すように，コアの直径が小さいので接続加工が難しい。しかし光の反射回数が少ないのでマルチモードに比べると伝送

距離は長くなる。用途としては，長距離のバックボーンで利用するケースがほとんどである。マルチモードと同様に送信と受信に2本の光ファイバが必要である。

（a）マルチモード　　　　　（b）シングルモード

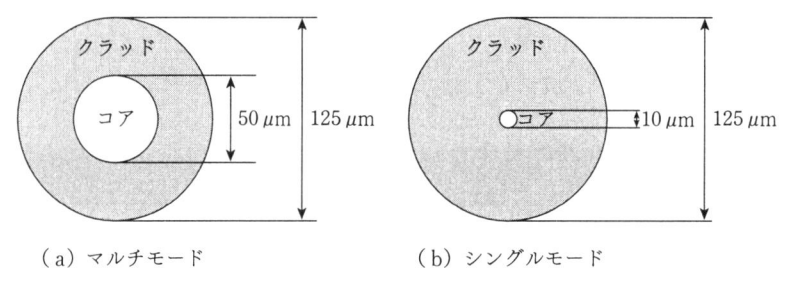

図3.4　光ファイバの2つのモード

3.1.4　符号化

電気信号の状態に1と0を割り当てることを符号化という。符号化では，1か0のどちらかが多くなるので，電気信号に変えるときは＋または－の電圧をできるだけ交互になるようにして送る。＋または－の同じ電気信号が連続すると受信側でタイミングがとりにくくなる。そのために，符号化に際し，同じ電気信号が続かないよう工夫が必要である。

代表的な符号として，マンチェスタ符号とMLT-3符号を紹介する。

（1）マンチェスタ符号

10BASE-Tはマンチェスタ符号が使われる。この伝送速度は10Mbpsであるから，1ビットあたりの時間は10M分の1秒，すなわち0.1μ秒の時間を使うことになる。この時間の中央で信号が＋から－になるものを0，－から＋になるものを1に割り当てる。この方式をマンチェスタ符号化という。たとえば，0100110をマンチェスタ符号にすると図3.5のようになる。

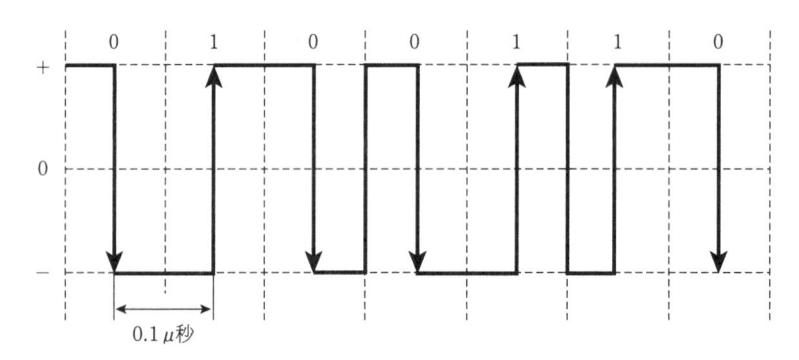

図3.5　マンチェスタ符号

マンチェスタ符号は簡単であるが，変化が激しいのが欠点である。10BASE-Tでは，電気信号は最大で20M回変化する。変化が激しいとケーブル内での減衰が大きくなる。このために，マンチェスタ符号をこのまま高速伝送に使うことはできない。

（2）MLT-3符号

100BASE-TXではマンチェスタ符号の代わりに，MLT-3符号が用いられる。この方式では，

$$-,\ 0,\ +,\ 0,\ -,\ 0,\ +,\ 0,\ -\cdots$$

という順番に変化をする電気信号を使う。このように信号の変化を決めてしまい，その通りに変化すれば1，信号が変化しなければ0とする。この方式をMLT-3（Multi-Level Transition Encoding）符号という。MLT-3符号はマンチェスタ符号よりも変化が少ないので，100Mbpsに対応することができる。ここで問題になるのは，0が連続することである。これを回避するために以下のような工夫がなされる。

データを電気信号に変換するに先がけて，1バイト分のデータを4ビット・データに分解する。その4ビットを表3.2の4B/5B方式で符号化してから，MLT-3方式の電気信号に変換する。受信側では，このMLT-3の電気信号をもとに戻す。

表3.2　4B/5B方式の符号化

NO.	4ビットデータ	符号化5ビット	NO.	4ビットデータ	符号化5ビット
0	0000	11110	8	1000	10010
1	0001	01001	9	1001	10011
2	0010	10100	10	1010	10110
3	0011	10101	11	1011	10111
4	0100	01010	12	1100	11010
5	0101	01011	13	1101	11011
6	0110	01110	14	1110	11100
7	0111	01111	15	1111	11101

例として，1110 0000のデータをMLT-3の電気信号に変換してみよう。まずデータを4ビットずつに区切る。すなわち，1110 0000とする。これら4ビットをそれぞれ，表3.2によって，符号化5ビットに変換すると，11100 11110となる。これらをMLT-3方式の電気信号で表すと図3.6の波形となる。

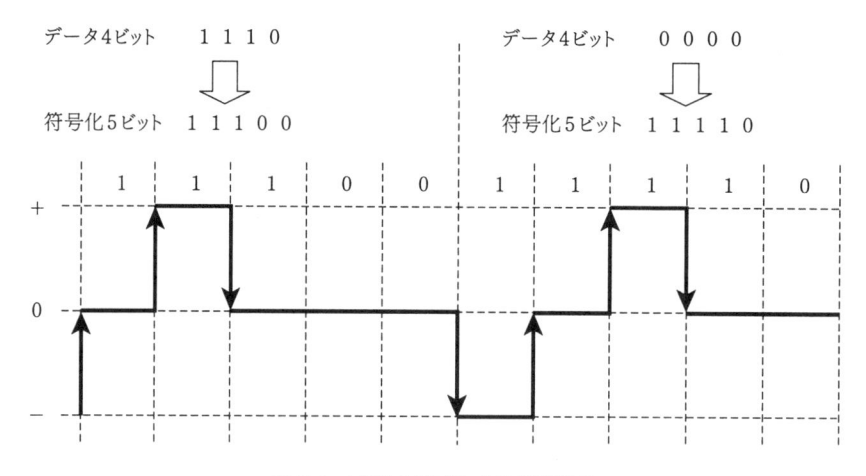

図 3.6　MLT-3 方式による電気信号

　4 B / 5 B 変換すると，100Mbps のデータ伝送では最大 125Mbps の電気信号が流れることになる。このために 125MHz に対応できるケーブルでなければならない。100BASE-TX のカテゴリ 5 のケーブルは，この 125MHz の信号に対応できるものである。

3.2　データリンク層

　物理層では電圧信号に変換したが，電圧信号の前処理をするのがデータリンク層で，MAC フレームを生成する。本節では，MAC フレームの生成と伝送について述べる。
　データリンク層においては，図 3.7 に見られるように，ネットワーク層から渡されたデータが MAC ヘッダと FCS の間に乗せられ，MAC フレームが生成される。

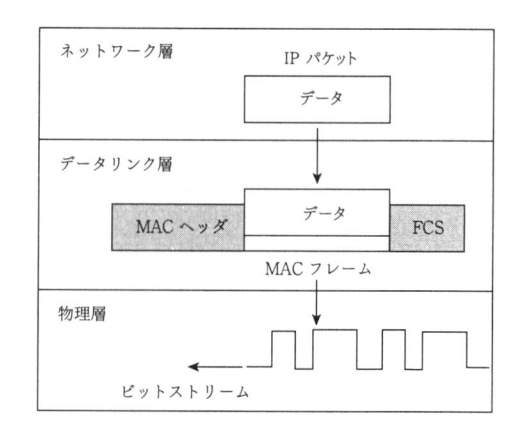

図 3.7　MAC フレームの生成

3.2.1　MACフレーム

MACフレームを図3.8に示す。先頭のMACヘッダには「あて先MACアドレス」,「送信元MACアドレス」と「タイプ」項目から構成される。MACヘッダに続いてデータ部がある。データは46〜1500バイトを格納することができる。FCSはエラーチェックのための4バイトである。

あて先 MACアドレス （6バイト）	送信元 MACアドレス （6バイト）	タイプ （2バイト）	データ （46〜1500バイト）	FCS （4バイト）

図3.8　MACフレームの構造

（1）MACアドレス

MACフレームの先頭にはMACヘッダが付けられている。このMACヘッダには「あて先MACアドレス」と「送信元MACアドレス」が先行する。このMACアドレスはPCに組み込まれたLANカードに書き込まれている。PC以外にも通信機器にはすべてMACアドレスがつけられている。

MACアドレスは，この他にも呼び名があり，ハードウエアアドレス，物理アドレス，フィジカル（Physical）アドレスとも呼ばれるが，すべて同じ意味である（図3.9）。

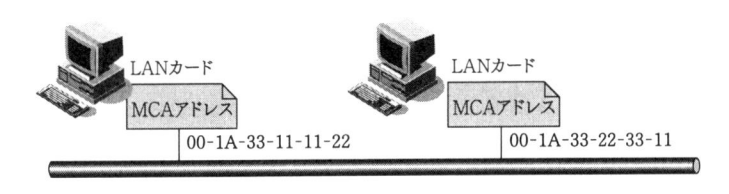

図3.9　通信機器に割り当てられたMACアドレス

MACアドレスは，他に同じものがないユニーク（unique）で，世界中で唯一でなければならない。MACアドレスは6バイトで，2つの項目からできている（図3.10）。最初の3バイトはベンダコードで，機器メーカーにIEEEが割り当てた番号である。ベンダコードはOUI[1]と呼ばれる。

ベンダコード（OUI）3バイト	固有番号　3バイト

図3.10　MACアドレスの構造

---

[1] OUI（Organizationally Unique Identifier）

具体的には IEEE がベンダごとに重複しないように OUI を割り当てる。割り当てられたベンダは，次の3バイトを通信器機に割り当てる。すなわちメーカーの通信機器の製造番号が入ることになる。

OUI はベンダ（メーカー）が IEEE に申請して，登録料を支払って，ナンバーを取得する。OUI を1つ取得すると後半の3バイト（24ビット）で，2^{24} = 1677万7216個という膨大な数の製品をアドレスすることができる。

MAC アドレスは 48 ビットで，全体として 2^{48} = 280 兆通り以上になる。これだけのアドレスがあれば，世界中で使用してもとりあえず足りることになる。

MAC アドレスは 16 進数でハイフン「－」，やコロン「：」で区切る。図 3.11 の MAC アドレスは，「00-20-ED-3F-74-02」と表される。

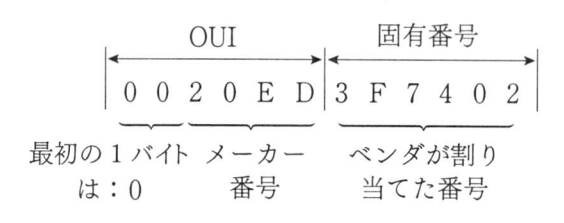

```
    ┌──── OUI ────┐┌── 固有番号 ──┐
    │ 0 0 2 0 E D ││ 3 F 7 4 0 2 │
       └─┘   └─┘    └─────┘
     最初の1バイト メーカー  ベンダが割り
       は：0     番号    当てた番号
```

図 3.11　MAC アドレスの表現

代表的な，OUI を表 3.3 に示す。

表 3.3　代表的なメーカーのベンダコード

ベンダコード	ベンダ名	ベンダコード	ベンダ名
00-20-ED	Giga-Byte Technology	00-00-0C	米国シスコシステム
00-00-0E	富士通	00-A0-DE	YAMAHA
00-00-4C	日本電気	00-00-00	XEROX Co.
00-03-47	Intel	00-AA-00	Intel（複数割当）
00-A0-24	3 COM	00-06-00	Toshiba Teli Co.

ベンダコードからベンダ名をインターネットで調べるには，次の URL を用いる。
　　　　http://coffer.com/mac_find/
また，ベンダコード一覧表は，次の URL から調べることができる。
　　　　http://standards.ieee.org/regauth/oui/oui.txt

（2）タイプ

タイプには，データ部分に入っているデータが作られたプロトコルを示す識別子が入る。すなわち，このデータを作成した上位のプロトコル名を数字で示す。データが上位の IP プロトコルで作られた IP パケットであれば，0800 である。データが作られたプロトコルとし

ては，次の識別子がある。

　　0800：IPv 4[2]パケット，0806：ARP パケット，086DD：IPv 6[3]パケット

（3）FCS

FCS（Frame Check Sequence）には，MAC ヘッダやデータ部に誤りがないかを検査するための値が含まれる。この値は送信元がフレームを作るときに計算して追加するもので，受信側がフレームの受信時に同じ計算をして照合する。値があわなければ誤りと判断して，そのフレームを破棄する。

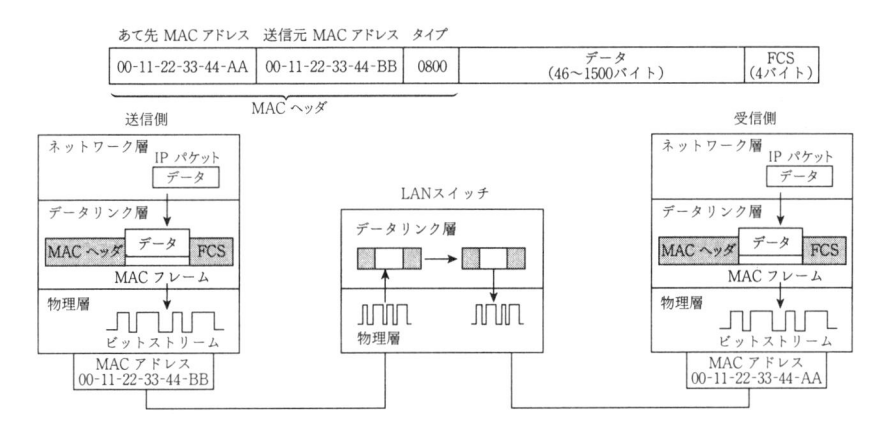

3.2.2　MAC フレームの伝送

MAC フレームの伝送の様子を図 3.12 に示す。MAC フレームは物理層で電気信号に変換されて伝送路を伝わり受信側の PC に届く。受信側では電気信号をデジタル化して，あて先 MAC アドレスが自分のものであるか確かめる。自分のものでない場合は破棄する。次に FCS の値を見て誤り検出を行う。誤りがあれば，この MAC フレームを破棄する。タイプ項目が 0800 であるので，データ部を上位層の IP プロトコルに渡す。この処理が受信側のデータリンク層の主な処理である。

図 3.12　MAC フレームの伝送

3.2.3　MAC フレームの可視化

MAC フレームはディスプレイに表示・印刷することができる。それに先がけて MAC フレームがどのように生成されるか，少し掘り下げて見てみよう。データリンク層では図 3.13 に見られるように，LLC 副層と MAC 副層から構成される。LLC 副層では，タイプ項目が追加される。さらに MAC 副層では MAC ヘッダが付け加えられる。ここまではコンピュータの内部メモリで行われる。

（2）IPv 4：IP version 4
（3）IPv 6：IP version 6

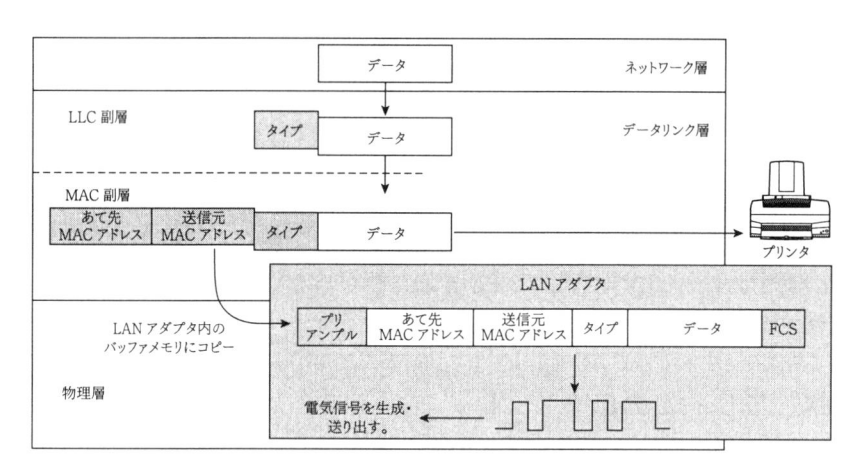

図 3.13 MAC フレームの生成過程

　MAC 副層の MAC フレームは，コンピュータ内部のメモリから LAN アダプタのメモリにコピーされる。このコピーは LAN アダプタのドライバによって行われる。LAN アダプタ内では，プリアンブルが先頭に，FCS が後尾につけられる。プリアンブルは MAC フレームを受信する際にタイミングをとるためのビット列である。

　MAC フレームの内容を表示するソフトウエア「パケット・キャプチャ・ソフト」[4]を用いると，MAC フレームのダンプデータを表示・印刷[5]することができる。図 3.14 はダンプデータの一例である。

```
アドレス          MACヘッダ
0000  00 90 FE 87 70 4B 00 08 - 0D 0F BD 13 08 00 45 00
0010  00 30 13 FD 40 00 80 06 - B8 EC C0 A8 01 6B CF 2E
0020  9C 9C 05 3D 00 50 32 28 - 1D 5A 00 00 00 00 70 02
0030  FF FF 00 32 00 00 02 04 - 05 B4 01 01 04 02
```

図 3.14　MAC フレームの印刷

　図 3.14 では，アドレスはデータの位置を示す 16 進数である。それ以降のデータは MAC フレームの内容を 16 進数で示している。はじめの 6 バイト（00-90-FE-87-70-4B）は「あて先 MAC アドレス」，次の 6 バイト（00-08-0D-0F-BD-13）が「送信元 MAC アドレス」，続いて（0800）が「タイプ」となっている。これらが MAC ヘッダである。その後（45-00 〜 02）がデータ（IP パケット）となる。FCS の値はここには表示されていないので注意する。

（4） http://www.layer.co.jp
（5） 送受信データを指す一般的な総称として「パケット」と呼ぶことが多い。

3.3 LAN スイッチ

LAN スイッチは，LAN を構成するために使う接続装置である。LAN に参加するコンピュータをつないで，コンピュータ同士が Ethernet で通信できるようになる。

アドレステーブル

MAC アドレス	ポート番号
00-60-98-A5-BB-3C	1
00-00-7C-D5-B6-55	2
00-0E-5F-77-E3-58	3
00-5C-EA-65-9C-52	4
— — —	—
— — —	—

図 3.15　LAN スイッチ

LAN スイッチは，図 3.15 に見られるように，データリンク層で中継するので L2 スイッチと呼ばれる。MAC フレームに記述されている「あて先 MAC アドレス」を読んで，図 3.15 のアドレステーブルを見て，対応するポート番号から MAC フレームを出力する。このように，ポートに接続されているパソコンの MAC アドレスとポート番号の対応表（アドレステーブル）をもつ。この対応表をみて MAC フレームを送信するので「あて先 MAC アドレス」のポート以外に出力しない。

3.3.1　アドレステーブルを自ら作成

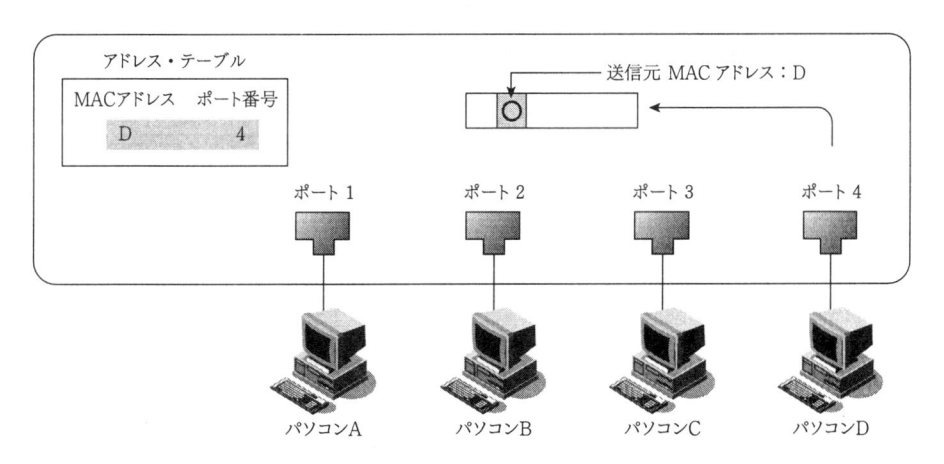

図 3.16　アドレス・ラーニング

アドレステーブルは，受け取ったMACフレームの情報を基に作成される。MACフレームのヘッダには送信元MACアドレスが書き込まれているので，この送信元MACアドレスと受信したポート番号を記憶して作られる。図3.16に見られるように，パソコンDからMACフレームが入力されると，MACフレームの送信元MACアドレスDとポート番号4がアドレステーブルに記録される。このように，アドレステーブルを作成する作業をアドレス・ラーニングと呼ぶ。

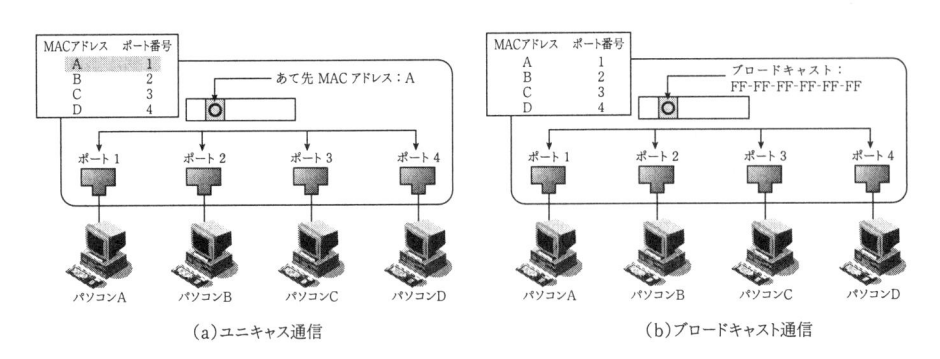

3.3.2 ユニキャスト／ブロードキャスト
（1）ユニキャスト
図3.17（a）はユニキャスト通信である。ユニキャストでは，あて先MACアドレスに対して，対応する1つのポートだけにMACフレームが出力される。

MACフレームがポートに入力されると，アドレステーブルを照らして出力ポートを決める。あて先を指定したMACフレームをユニキャスト・フレームという。この場合，あて先MACアドレスを読んで，そのMACアドレスをアドレステーブルで検索する。アドレステーブルにあて先MACアドレスが見つかれば，対応するポートだけにMACフレームを出力する。アドレステーブルに登録されていないMACフレームの場合は全ポートに出力される。

（2）ブロードキャスト
図3.17（b）はブロードキャスト通信である。すべてのポートにMACフレームを出力する。これをブロードキャスト・フレームという。ブロードキャストの場合，あて先MACアドレスは「FF-FF-FF-FF-FF-FF」の値である。

図3.17　ユニキャスト／ブロードキャスト

LANスイッチは，次の機能をもつ。
① 物理層のプロトコル変換

LANスイッチはポートから電気信号を出力するとき，接続されている機器が10BASE-Tか100BASE-TXかを調べる。前者であれば，マンチェスタ符号の電気信号を出力する。また，後者であれば4B/5Bの変換を経てMLT-3による電気信号を出力する。

② 衝突領域の分割

　LANスイッチはフレームの衝突領域を区切り，分割することができる。複数のパソコンが同じケーブルの伝送媒体を共有する場合，同一の媒体には1個のデータしか載せることができない。媒体上にすでにデータが存在するのに，さらにデータを載せようとすると衝突が起こり，データは破壊されてしまう。フレームが衝突する範囲を衝突領域またはコリジョン・ドメイン（Collision Domain）という。このために，同一の媒体に多くのパソコンがつながれていると伝送効率が低下する。これを回避するために，衝突領域を分割する。LANスイッチを使えば衝突領域を分割することができる。

③ その他の機能
- 電気信号を整形して送信する。
- 衝突を検出すると，フレームを破棄する。
- フレームの転送エラーをチェックし，エラーがあるとフレームを破棄する。

3.3.3 MACフレームはLink by Link

　MACフレームの形式は，媒体ごとに異なる。図3.18の伝送路を考えてみよう。EthernetのLANで送信されたMACフレームがルーター1を経由して電話回線によって中継される。そして再度ルーター2を経てEthernetでプロバイダーのサーバーに到着する。このときパソコンからルーター1まではEthernetのMACフレームで伝送される。最初のルーター1では，フレームがMACヘッダからPPPヘッダに付け替えられ，PPPフレームの形式で伝送される。また，先のルーター2に到着すると，そこでMACヘッダに付け替えられる。このように同一の媒体での伝送に1つのフレームが使われ，媒体が異なると他のフレームになる。このように媒体が代わるごとにフレームが変わることをLink by Linkという。

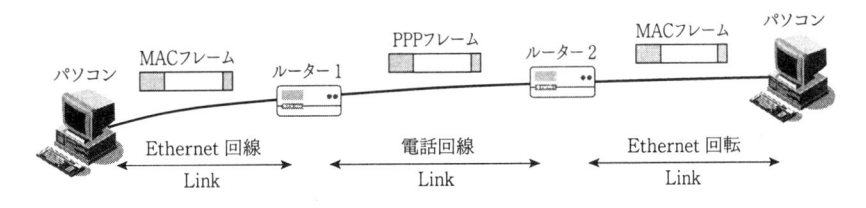

図3.18　媒体ごとに異なるフレーム

【練習問題】

問題1　ツイステッド・ペア・ケーブルについて，次の問題に答えなさい。

（1）何本の銅線が使われるか。＿＿＿＿＿＿

（2）UTPとはどのようなケーブルか。＿＿＿＿＿＿

（3）100BASE-TX では，送信・受信に何本・何組の銅線が使われるか。＿＿＿＿＿

（4）カテゴリは何を示す指標か。＿＿＿＿＿＿

問題 2 100BASE-TX について，次の問題に答えなさい。

（1）伝送速度は何 Mbps か。＿＿＿＿＿＿

（2）信号形式は何か。＿＿＿＿＿＿

（3）伝送媒体は何を使うか。＿＿＿＿＿＿

（4）伝送媒体のカテゴリはいくつか。＿＿＿＿＿＿

（5）電気信号の符号化は，どの方式が使われるか。＿＿＿＿＿＿

問題 3 光ケーブルについて，次の問題に答えなさい。

（1）コアとクラッドの屈折率はどちらが小さいか。＿＿＿＿＿＿

（2）マルチモードの長所，＿＿＿＿＿＿，また短所をあげなさい。＿＿＿＿＿＿

（3）シングルモードの長所，＿＿＿＿＿＿，利用箇所は，＿＿＿＿＿＿。

（4）光ファイバの主な特長を2点あげなさい。①＿＿＿＿＿　②＿＿＿＿＿

問題 4 $59_{(16)}$ をマンチェスタ符号，および MLT-3 符号に変換し，波形を書きなさい。
ただし，MLT-3 符号化の前に 4B/5B 方式に変換するときは，表3.2を使う。

（1）マンチェスタ符号

（2）MLT-3 符号

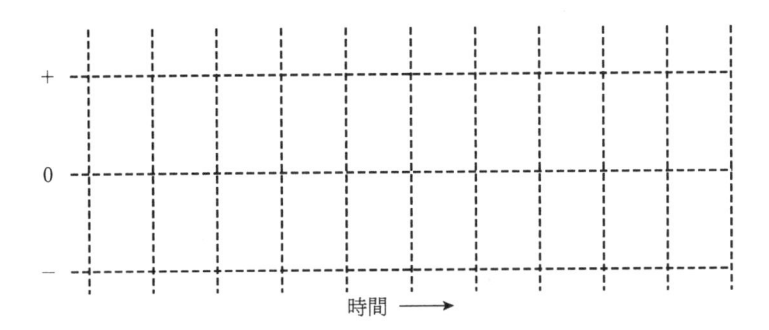

問題 5 MAC フレームについて（　）に名前と数字を記入しなさい。

（　　　）	（　　　）	（　　）	（　　　　　　）	（　　　）
（　）バイト	（　）バイト	（　）バイト	（　）～（　）バイト	（　）バイト

（MACヘッダ：最初の3欄）

ヒント：図3.8を参照

問題 6 MAC アドレスについて，次の問題に答えなさい。

（1）ベンダコードを付与する機関名をあげなさい。

（2）MAC アドレスは1つのベンダコードに対して，何個の機器を割り当てることができるか。

（3）MAC アドレス：00-20-ED-3F-74-02 を 48 ビットの 2 進数で表しなさい。

（4）（3）の MAC アドレスからベンダ名を調べなさい。

問題 7 次のパケットの □ の部分は MAC フレームのヘッダである。次の問題に答えなさい。

```
0000 [00 90 FE 87 70 4B 00 08 - 0D 0F BD 13 08 00] 45 00
0010  00 30 13 FD 40 00 80 06 - B8 EC C0 A8 01 6B CF 2E
0020  9C 9C 05 3D 00 50 32 28 - 1D 5A 00 00 00 00 70 02
0030  FF FF 00 32 00 00 02 04 - 05 B4 01 01 04 02
```

（1）MACヘッダの値を図に記入しなさい。

6バイト	6バイト	2バイト	46～1500バイト	4バイト
			データ	FCS

　　　　　　　　MACヘッダ

（2）あて先MACアドレス（16進数表示）：＿＿＿＿＿＿

（3）送信元MACアドレス（16進数表示）：＿＿＿＿＿＿

（4）タイプ（16進数表示）：＿＿＿＿＿＿

　　　タイプが示す上位のプロトコル名：＿＿＿＿＿＿

問題8 LANスイッチについて，次の問題に答えなさい。
（1）アドレステーブルは，どのように作られるか。
（2）ブロードキャスト通信とは，どのようなものか。
（3）主な機能を2つあげなさい。

問題9 MACフレームはLink by Linkである。この意味を説明しなさい。

解　答

問題1

（1）8本　（2）シールドのないケーブル　（3）4本, 2組　（4）品質

問題2

（1）100Mbps　（2）ベースバンド方式　（3）ツイステッド・ペア・ケーブル
（4）カテゴリ5　（5）MLT-3符号

問題3

（1）クラッドの方が小さい。（2）接続や切断が簡単，シングルモードと比べると伝送距離が短い。（3）伝送距離が長い，長距離のバックボーン。（4）①大量のデータを高速で伝送できる。②ノイズに強い。

第 3 章 物理層／データリンク層

問題 4

（1）マンチェスタ符号

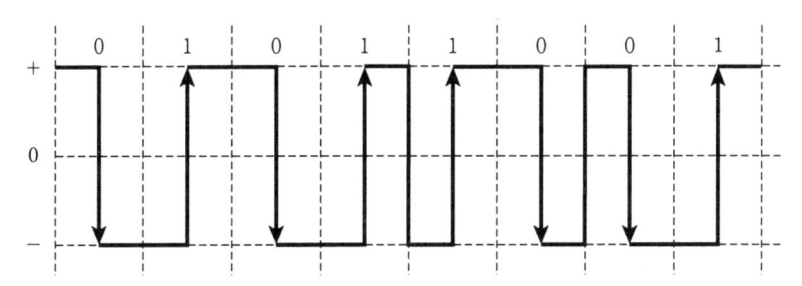

（2）MLT-3 符号

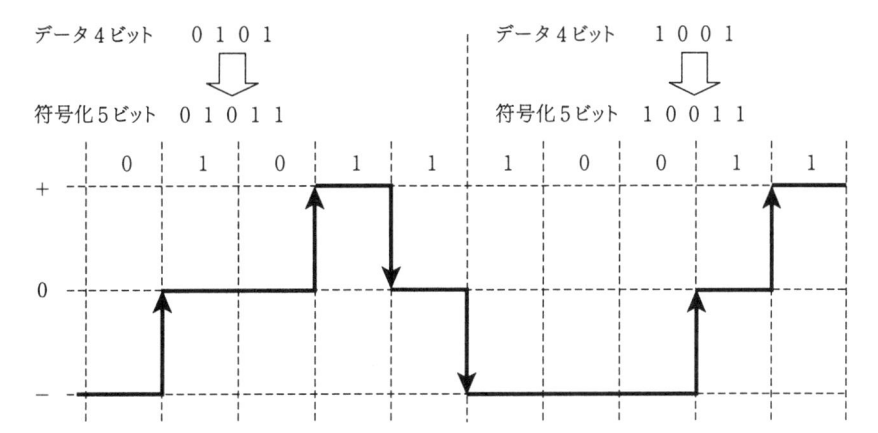

問題 5

（あて先MACアドレス）	（送信元MACアドレス）	（タイプ）	（データ）	（ FCS ）
（ 6 ）バイト	（ 6 ）バイト	（ 2 ）バイト	（ 46 ）〜（1500）バイト	（ 4 ）バイト

問題 6

(1) IEEE
(2) 2^{24} = 16,777,216
(3) 00000000 00100000 11101101 00111111 01110100 00000010
(4) http://coffer.com/mac_find を用いて OUI の 3 バイト 00-20-ED を入力すると，Giga-Byte Technology 社が求められる。

問題 7

（1）

6 バイト	6 バイト	2 バイト	46〜1500バイト	4 バイト
00 90 FE 87 70 4B	00 08 0D 0F BD 13	08 00	データ	FCS

MACヘッダ（先頭3つのフィールド）

（2）00-09-FE-87-70-4B

（3）00-08-0D-0F-BD-13

（4）タイプ（16進数表示）：08 00，タイプが示す上位のプロトコル名：IPv 4

第4章
ネットワーク層の IP プロトコル

学習のポイント

ネットワーク層では，IP が代表的なプロトコルである。送信元からあて先に IP パケットを届ける役割を持つ。そのために，必要な情報として IP ヘッダが重要である。本章では，IP ヘッダの内容を分析し，IP プロトコルの機能を学習する。

☆　コネクションレス型プロトコル
☆　IP ヘッダの構造と役割
☆　IP パケットの解析

| アプリケーション層 |
| プレゼンテーション層 |
| セッション層 |
| トランスポート層 |
| **ネットワーク層** |
| データリンク層 |
| 物理層 |

4.1　IP パケットの流れ

　IP は送信側のコンピュータから IP パケットを受信側のコンピュータに届けるプロトコルである。送信側と受信側のコンピュータおよび中継機器は IP プロトコルを実装していなければならない。図 4.1 に見られるように，IP 中継機器としては，ルーターが使われる。こうして，送信側コンピュータから送信された IP パケットはルーターに搭載された IP プロトコルが協力して受信側のコンピュータに届けられる。

　MAC フレームの伝送では，通信機器の MAC アドレスを識別してフレームの通信が行われる。しかし，IP パケットは通信機器の IP アドレスを識別して伝送が行われる。IP アドレスの詳細については第 5 章で述べる。

　伝送路の途中の IP パケットはルーターによって適切な経路が選ばれる。経路を選択することをルーティングといい，ルーターの主な機能である。受信側のコンピュータに到着した IP パケットは IP アドレスによってあて先を確かめ，自分自身のものであれば受け取る。

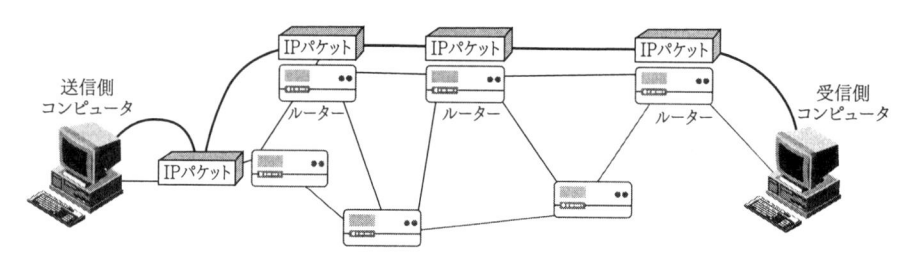

図 4.1　IPによるパケット伝送

　IPパケット通信の様子を見てみよう。図4.2のように，IPはネットワーク層（レイヤー3）のプロトコルである。送信時には，TCPのトランスポート層から渡されたTCPパケットにIPヘッダを付け加え，IPパケットが生成される。IPパケットは次の下位のデータリンク層（レイヤー2）に渡されて，MACフレームが生成される。続いて物理層（レイヤー1）ではビット列として伝送路に送り出される。中継機器としては，レイヤー3で中継するルーターが用いられる。
　IPパケットの伝送を考えるとき，送信側コンピュータのレイヤー3からルーターのレイヤー3を経ての受信側のレイヤー3に仮想的な経路を想定する。この仮想的な経路をIPパケットが伝送されると考える。

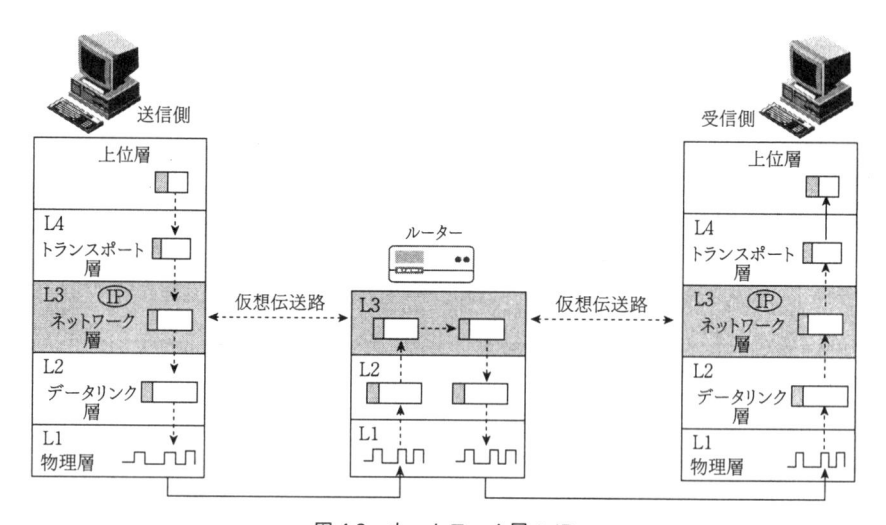

図 4.2　ネットワーク層の IP

4.2　IP プロトコル

　IPはコネクションレス型のプロトコルである。コネクションレス型に対してコネクション型がある。これらの特徴を見てみよう。

（1）コネクション型

コネクション型の例としては電話による会話である。電話は相手の電話番号を入力して，相手が電話器を取り，通話の許可を得てから話し始める。そして話が終わると電話を切る。このように，通話の前に相手の状態を確かめ，通話許可を得てから会話が始まる。これをコネクションの確立という。会話が終わったときには挨拶をして電話を切る。これをコネクションの終了という。このように，コネクション型の場合は，コネクションの確立から始まり，コネクションの終了という手続きで終わる。

（2）コネクションレス型

コネクションレス型の場合は，FAXやメールのように相手が受信できる状態であるか，否かの確認をせずに，一方的に相手の都合を聞かずにデータを送信する方式である。

コンピュータによるデータ通信では，コネクションレス型は，受信側の電源が切れている場合や存在していない場合にもかかわらず，データを送信してしまう。すなわち，相手がいるかどうか確認せずに送信者の都合でデータを送りつける方式である。

IPはコネクションレス型のプロトコルである。コネクションレス型である理由は，手続きを単純化して，処理の負担を軽減するためである。これによって高速化が可能になる。

IPプロトコルは図4.3に見られるように，送信側コンピュータから受信側のコンピュータにIPパケットを届けるだけの役割である。IPパケットの伝送途中で生ずるいろいろな不都合（IPパケットの損傷，消失）に対処しない。

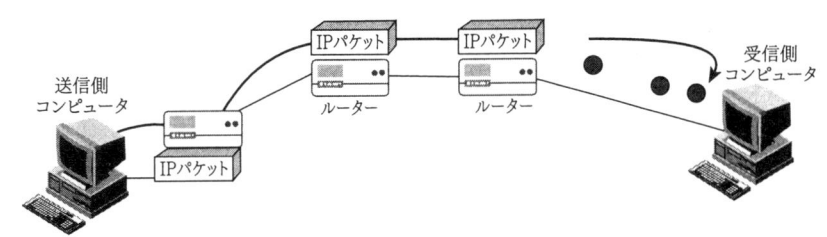

図4.3　IPによるコネクションレス型通信

4.3　IPヘッダの構造

IPプロトコルは，TCPパケットに制御情報をヘッダとして付加する。IPが付加するヘッダをIPヘッダと呼ぶ。通信機器やコンピュータのソフトは，これらのヘッダの制御情報を読み取って，IPプロトコルの機能を実行する。したがって，IPヘッダの中身を解析することによって，IPプロトコルの機能がわかる。

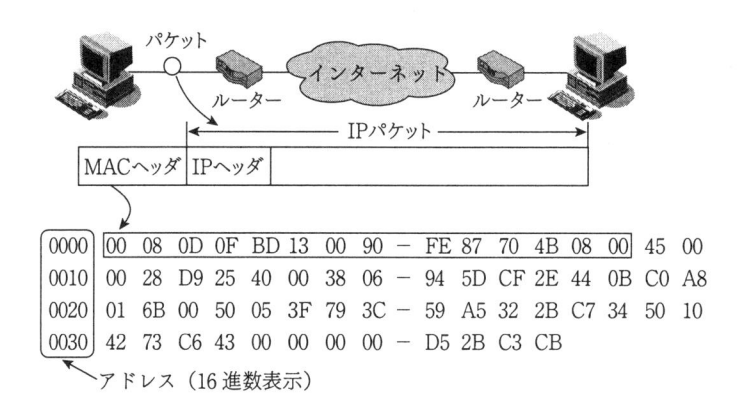

```
0000  00 08 0D 0F BD 13 00 90 - FE 87 70 4B 08 00 45 00
0010  00 28 D9 25 40 00 38 06 - 94 5D CF 2E 44 0B C0 A8
0020  01 6B 00 50 05 3F 79 3C - 59 A5 32 2B C7 34 50 10
0030  42 73 C6 43 00 00 00 00 - D5 2B C3 CB
```

図 4.4　ダンプ・パケット

　図 4.4 はパケット (MAC フレーム) のダンプデータで，MAC フレームの 16 進数表示である。ただし，MAC フレームの FCS は印刷されていない。左側の列はアドレスを 16 進数で示す。パケットの内容は，16 進数で 2 桁が 1 バイトとして表示される。はじめの 14 バイト (0000〜000D 番地) は MAC ヘッダである。それ以降 (000E 番地〜) が IP パケットである。

　IP ヘッダの構造を図 4.5 に示す。IP ヘッダの長さは通常 20 バイトであるが，最大 60 バイトまで拡張できる。図 4.5 では一行が 4 バイトとして，6 行で表わしている。IP ヘッダは 14 項目が標準である。次に，項目の内容を説明する。

(1) バージョン (Version)

　4 ビットで IP のバージョンを表す。現在最も広く使われているものは，バージョン 4 である。したがって，バージョン 4 の値は $4_{(16)}$ である。

(2) ヘッダ長 (Header length)

　IP ヘッダの長さを 4 バイトを 1 単位で示す。この項目は 4 ビットである。4 ビットで表現できる数値は 0〜15 で，IP ヘッダの長さは通常 20 バイト，最大 60 バイトである。このために，バイト単位では表現できないので，4 バイトを 1 単位で表現する。この方法では，60 バイトは 15 (60 ÷ 4 = 15) になるので，60 バイトまで表現できる。

```
                    IPパケット
              （またはIPデータグラム）
        ┌─────────┬──────────────────────┐
        │ IPヘッダ │      データ          │
        │         │ （またはIPペイロード）│
        └─────────┴──────────────────────┘
                        ↓
```

1	8	16	24	32
バージョン (Version：4 bit)	ヘッダ長 (Header Length：4 bit)	サービスタイプ (Type of Service：8 bit)	全パケット長 (Total Length：16bit)	
識別子 (Identification：16bit)			フラグ (Flag：3 bit)	断片オフセット (Fragment Offset：13bit)
生存時間 (Time to Live：TTL 8 bit)		プロトコル (Protocol：8 bit)	ヘッダ・チェックサム (Header Checksum：16bit)	
送信元IPアドレス (Source Address：32bit)				
宛先IPアドレス (Destination Address：32bit)				
オプション (Option)			パディング (Padding)	

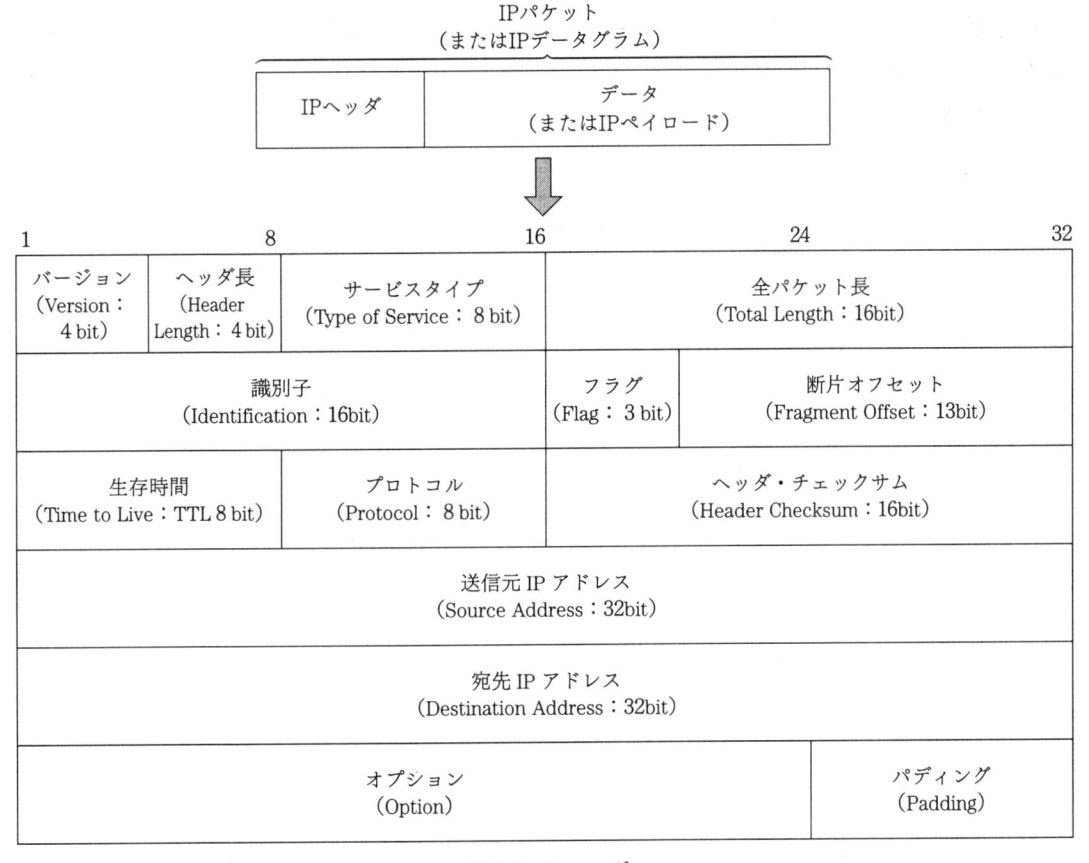

図 4.5　IPヘッダ

（3）サービス・タイプ（Type of Service：TOS）

サービス・タイプは，8ビットで構成され，IPパケットの品質を表す。この8ビットはRFC 791では「Type of Service：TOS」，RFC 2474では，「差別化サービス（Differentiated Service）」と規定されている。ここでは，RFC 791に基づいて説明する（図4.6）。

サービスタイプは，ルーターがIPパケットを転送するときに品質や優先度をつけるために利用される。音声や動画データのようにリアルタイム転送が要求されるパケットの場合は，優先的に転送するようにIPパケットに指定することができる。ただし，現在のインターネットではサービスタイプ・フィールドを参照して品質を制御することはほとんどない。

9	10	11	12	13	14	15	16
優先順位			遅延	スループット	信頼性	コスト	予約済み

図 4.6　サービスタイプのビット意味

① 優先順位（Precedence）

優先順位は，IPパケットの重要度を示す。標準を意味する000から111までの8段階で重要度が高くなる（図4.7）。優先順位は表4.1のような意味をもつ。この値はアプリケーションによって設定されるが，現在のところほとんどのネットワークでは，これらの設定は無視される。

表4.1　IPの優先順位フィールド

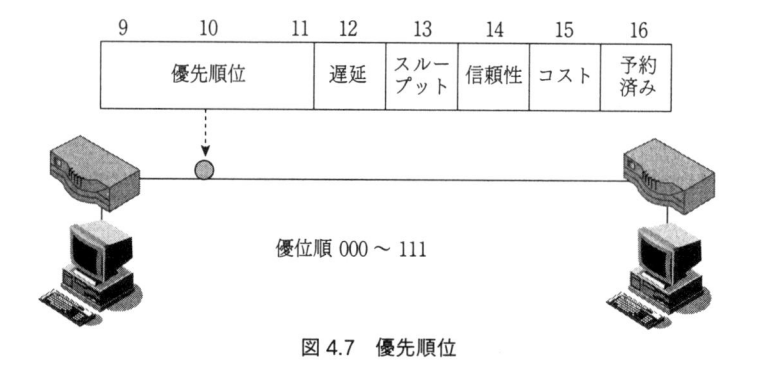

値	優先順位	値	優先順位
000	標準（Routine）	100	優先速報（Flash Override）
001	優先（Priority）	101	重大（CRITIC/ECP）
010	即時（Immediate）	110	インターネットワーク制御（Internet Work Control）
011	速報（Flash）	111	ネットワーク制御（Network Control）

図4.7　優先順位

② 遅延（Delay）

遅延が1のとき，ルーターは最も遅延の小さい経路を選びIPパケットを転送する（図4.8）。

③ スループット[1]（Throughput）

スループットが1の場合，ルーターはスループットの最も大きい経路を選び，IPパケットを転送する（図4.8）。

（1）スループットは一定時間内の処理量。通信回線の場合，単位時間内に伝送できるデータ量。

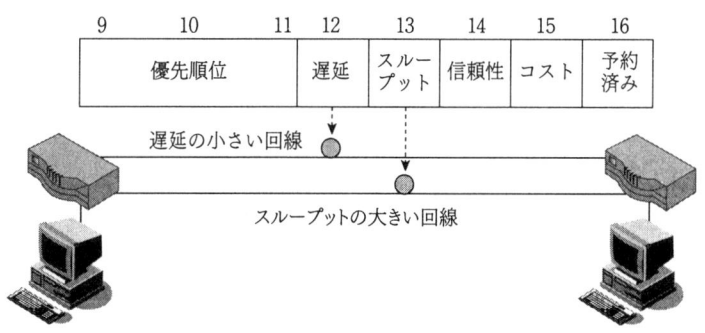

図4.8 「遅延」と「スループット」

④ 信頼性（Reliability）
ネットワークを流れるパケットが処理しきれないほど増えると，ルーターはIPパケットを廃棄する。このとき，信頼性に1が設定されていれば，そのIPパケットの廃棄は後回しになる（図4.9）。

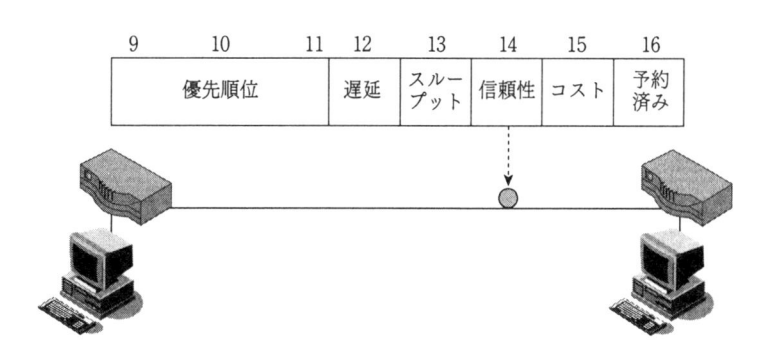

図4.9 信頼性

⑤ コスト（Cost）
コストが1に設定されていれば，ルーターはコストの一番安い経路を使ってIPパケットを転送する（図4.10）。

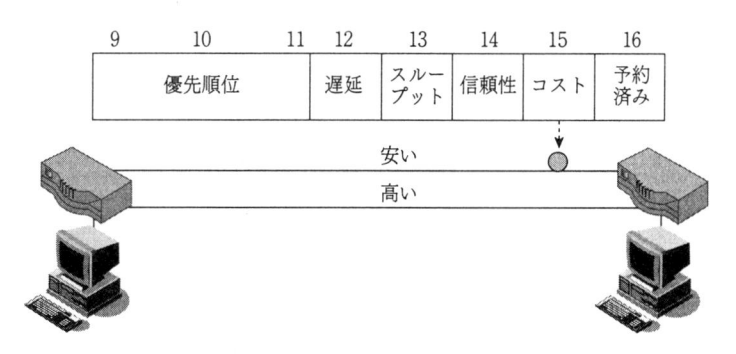

図4.10 コスト

⑥ 予約済み（Reserved）

未使用である。最後の「予約済み」フィールドは必ず0に設定されており，特に意味はない。

（4）全パケット長（Total length）

IPパケットの全長をバイト単位で表す。理論的には16ビットの項目であるので（$2^{16}-1=$）65535バイトまで指定することができる。しかし，通信媒体によって最大フレームサイズは制限される。Ethernet IIフレームでは，IPパケットのサイズは最大で1500バイトである。

（5）識別子，フラグ，断片化オフセット

インターネットの回線は，その種類によって一度に運ぶデータの大きさMTU[2]が異なる。MTUに収まらないような大きなデータを送信するときには，IPパケットを最大フレームサイズに分割しなければならない。この処理を断片化またはフラグメント化という（図4.11）。

フラグメント化で新たに誕生するIPパケットを，最初のIPパケットのフラグメントという。分割したIPパケットの親子関係の識別は次の3つの項目によって行われる。

・識別子（Identification）
・フラグ（Flag）
・断片化オフセット（Fragment Offset）

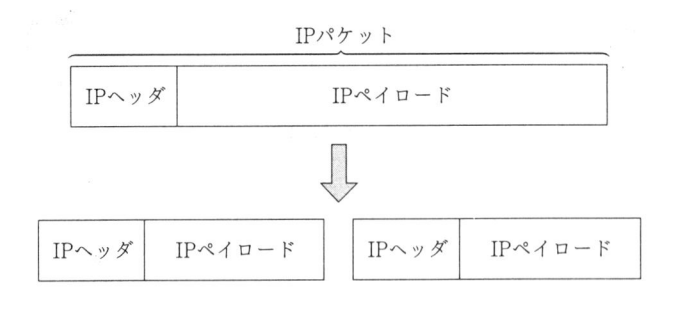

図4.11　IPパケットの断片化（フラグメント化）

① 識別子（Identification）

識別子は16ビットで構成される。IPパケットがフラグメント化される前に，同じIPパケットであったかを示す項目である。識別子の値が同じであるならば，それらのIPパケットが分かれてできたフラグメントであることがわかる（図4.12）。

（2）MTU（Maximum transfer unit）は通信媒体の最大伝送サイズ。

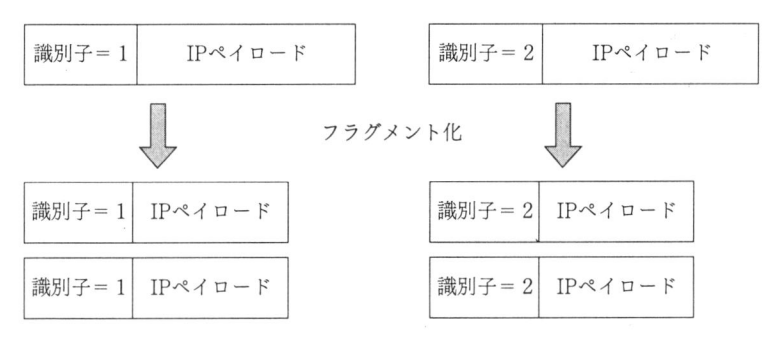

図4.12　フラグメント化における識別子

② フラグ（Flag）

3ビットで構成される（図4.13）。フラグは通信ソフトやルーターがフラグメント化と再組み立ての際に参照される。各ビットは次のような意味がある。

「予約済み」：未使用で0に設定
「DFフラグ」：DF = 0 ならば，フラグメント化可能
　　　　　　　DF = 1 ならば，フラグメント禁止（DF：Don't fragment）
「MFフラグ」：MF = 0 ならば，最後尾のフラグメント
　　　　　　　MF = 1 ならば，後続のフラグメントあり（MF：More fragment）

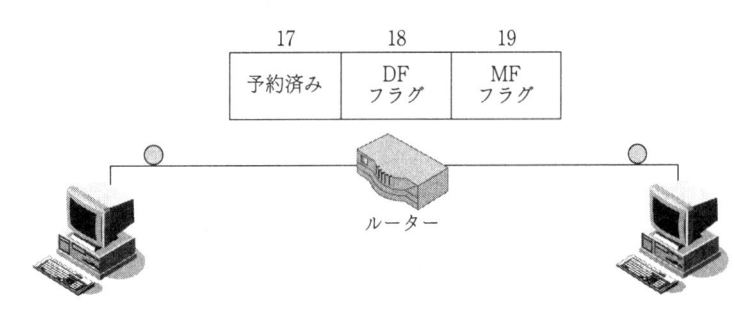

図4.13　フラグ

③ 断片化オフセット（Fragment Offset）

断片化オフセットは，フラグメント化で生成されたIPパケットがフラグメント化前のIPパケットのどの位置にあったかを示す。

この項目は13ビットであるので，$2^{13} - 1 = 8191$ の範囲しか表現できない。一方，フラグメントの論理的な最大値は65535バイトである。このために，13ビットで65535の位置を指定するために，8バイトを1単位とする。たとえば，560バイトでは，断片化オフセットの値は70（560 ÷ 8 = 70）となる。

このようにしてIPパケットが分割前のIPパケットのどこから始まるかを示す。

(6) TTL (Time to Live)

TTL とは time to live, すなわち生存時間である。IP パケットがネットワークに存在できる時間を, IP パケットが通ることのできるルーター数で表したものである。ルーターは IP パケットが通過する度に IP ヘッダの TTL を 1 つずつ減らしていく。そして TTL が 0 になると IP パケットは廃棄される。TTL は IP パケットが迷子になったとき, インターネット上にいつまでも存在することのないようにするためである (図 4.14)。

TTL の最大値は 255 で, 値は OS の初期設定をそのまま使うか, またはアプリケーションで指定する。Window XP SP 2 では, 128 が初期値として設定されている。

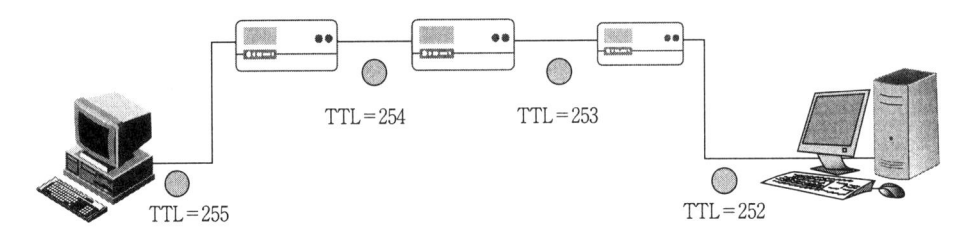

図 4.14 生存時間 (TTL)

(7) プロトコル (Protocol)

プロトコルは, IP ペイロードが作成された上位層のプロトコルの識別値が入る。プロトコルの識別値は表 4.2 の通りである。

表 4.2 IP のプロトコルフィールドの値

値	プロトコル
1	ICMP (Internet Control Message Control)
6	TCP (Transmission Control Protocol)
17	UDP (User Datagram Protocol)

受信側はプロトコルの識別値で, IP ペイロードを適切な上位層プロトコルに渡すための識別子として使用する。指定できるプロトコルの識別値は次の URL で一覧できる。

http://www.iana.org/assignments/protocol-numbers

(8) ヘッダチェックサム (Header Checksum)

ヘッダチェックサムは IP ヘッダが壊れていないことをルーターがチェックするために設けられた 16 ビットの項目である。ルーターはヘッダチェックサムの値をチェックし, IP ヘッダの内容が壊れていると, IP パケットを破棄する。

TTL はルーターを通過する度に値が減るので, ルーターはヘッダチェックサムをその度に再計算することになる。

（9）送信元 IP アドレス（Source Address）／あて先 IP アドレス（Destination Address）

32 ビットで構成される IP アドレスである。詳細は第 5 章で述べる。

（10）オプション（IP Option）

可変長の長さをもつ。IP ヘッダの長さは，通常 20 バイトである。ただし，デバックのために，IP オプションと呼ばれる項目を付けることができる。このときは，IP ヘッダの長さは最大 60 バイトになる。

（11）パディング（Padding）

詰め物である。ヘッダ長は IP ヘッダの長さを 4 バイト単位で表す。ヘッダ長が 4 バイト単位（32 ビット）の整数倍になるように，末尾にパディング（padding）と呼ばれる項目を追加する。

4.4 データの分割

MTU に収まらない大きさの IP パケットは分割して，断片化しなければならない。では，どのように断片化されるか，見てみよう。

データ（IP ペイロード）を分割するとき，8 バイトの倍数になるようにする。MTU：630 バイトならばヘッダ部分（20 バイト）を引くと，IP ペイロードは 610 バイトになる。610 バイトは 8 の倍数ではないため，610 を超えない 8 の倍数である（8 × 76 =）608 を分割の単位とする。

〈例題 4.1〉IP パケット 1500 バイトのデータが MTU：620 バイトの回線を通るために，ルーターはどのように IP パケットを分割するか（図 4.15）。

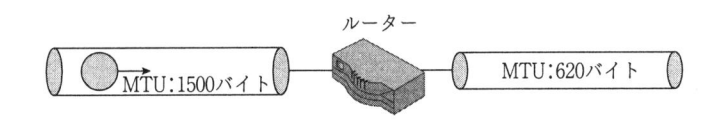

図 4.15 MTU の変更に伴う IP パケットの分割

ただし，分割前の IP パケットの IP ヘッダの項目は次の通りである。
識別子：120，パケット長：1500，フラグ（MF）：0，断片化オフセット： 0
IP ヘッダ：20 バイト。
〔解　答〕
○手順 1　分割の大きさを決定

IP パケットの分割は，IP ペイロードの 1480 バイトを 8 の倍数で，最も（620 − 20 =）600 バイトに近い数に分割する。すなわち，600 バイトに近い 8 の倍数の最大値を探すことになる。この場合，8 × 75 = 600 であるから，600 バイトで分割することになる。

○手順2　IPペイロードの分割

MTU：620バイトであるから，ヘッダ部分20バイトを引いた600バイトでデータを分割する。もとのIPパケットは1500バイトであるから，IPヘッダ部分の20バイトを引いたデータ部分（IPペイロード）は1480バイトである。先頭から600バイト，次の600バイト，そして残りの280バイトの3つに分割する（図4.16）。

○手順3　ヘッダの付加

次にルーターは分割したデータにヘッダを付けて，IPパケットの形にする。それぞれのヘッダは，もとのIPパケットのヘッダをコピーする。もとのIPパケットに復元するために必要になる順番は，「フラグ」と「断片化オフセット」を利用する。ルーターが分割したIPパケットにヘッダをコピーするとき，次の項目が設定される。

・識別子

識別子は元のIPヘッダと同じ値がコピーされる。

・フラグ

分割されたパケットが続くとき1（あり），または0（なし，末尾）で示す。

・断片化オフセット

分割化されたIPパケットのデータが元のデータの先頭からの位置を示す。先頭からの位置は0から始まり，バイト数ではなく8バイトを1単位で表す。

これらの結果をまとめると図4.16のようになる。

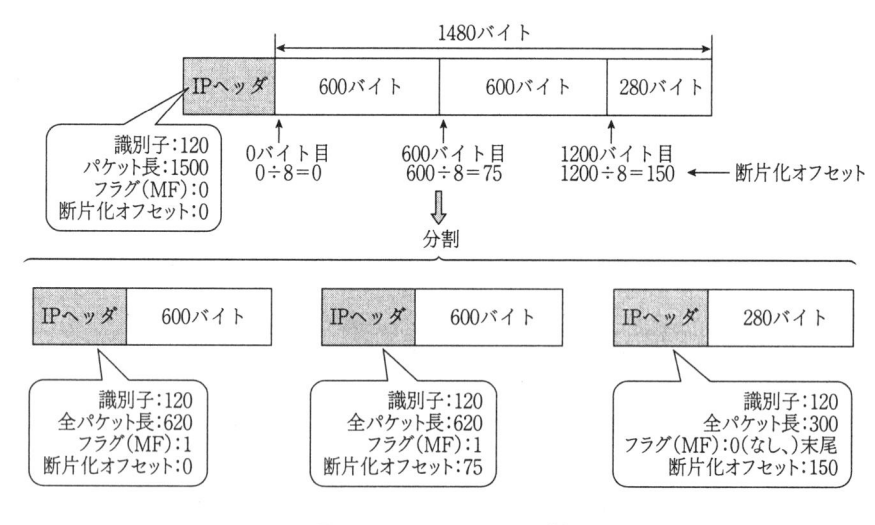

図4.16　IPパケットの分割

4.5　チェックサムの計算

チェックサムの値はどのように決定されるか，実際に計算してみよう。IPヘッダを16ビット（2バイト）ずつに分けて，それらを合計する。次に16ビットから桁あふれを最下位

ビットに加算する。この計算を「1の補数和」という。最後に、各ビットの1と0を反転させると、チェックサムの値になる。

ルーターや送信先でチェックサムの値を検証するときは、同じIPヘッダを16ビットに分けて、1の補数和を計算する。このとき、IPヘッダの内容が壊れていなければ、16ビットすべてが1になる。

〈例題4.2〉次の4ビットのデータのチェックサムを求めなさい。

$$1101 \quad 0010 \quad 0110 \quad 0101$$

〔解　答〕

チェックサムの計算

```
                        チェックサム
| 1101 | 0010 | 0110 | 0101 | 0100 |

    1101         ①1010
    0010      +)    1
    0110         1011
 +) 0101         ↓ 1の補数
   11010         0100
```

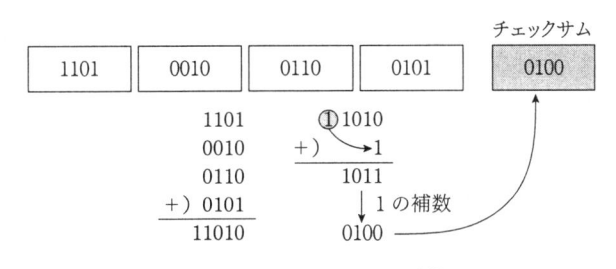

図4.17　チェックサムの計算

チェックサムの検証

$1101 + 0010 + 0110 + 0101 + 0100 = 11110$

オーバフローした、第5桁目を最小項に加えると、

$1110 + 0001 = 1111$

となり、すべての桁が1となるので、「誤りなし」ということになる。

【練習問題】

問題1　次の問題に答えなさい。
（1）コネクションレス型とコネクション型プロトコルを比較しなさい。
（2）TTLを設ける必要性を述べなさい。
（3）ヘッダチェックサムの役割を述べなさい。
（4）ネットワーク層（レイヤ3）を流れるデータの呼び名をあげなさい。

問題2　次のパケット（MACフレーム）について、設問に答えなさい。

```
0000  00 90 FE 87 70 4B 00 08 - 0D 0F BD 13 08 00 45 00
0010  00 30 13 FD 40 00 80 06 - B8 EC C0 A8 01 6B CF 2E
0020  9C 9C 05 3D 00 50 32 28 - 1D 5A 00 00 00 00 70 02
0030  FF FF 00 32 00 00 02 04 - 05 B4 01 01 04 02
```

（1）パケットの内容を次のIPヘッダ表に16進数で記入しなさい。ただし，フラグと断片化オフセットについては，2進数で記入しなさい。

1	8	16	24	32
バージョン（4bit）	ヘッダ長（4bit）	サービスタイプ（8bit）	全パケット長（16bit）	
識別子（16bit）		フラグ（3bit）	断片オフセット（13bit）	
TTL（8bit）	プロトコル（8bit）	ヘッダ・チェックサム（16bit）		
送信元IPアドレス（32bit）				
あて先IPアドレス（32bit）				
オプション			パディング	

（2）IPヘッダ表から，次の表の（　）に指定された形式で記入しなさい。

[バージョン]（　　　）	[断片化オフセット]（　　　） 2進数表示
[ヘッダ長]（　　　）バイト	[TTL]（　　　）10進数表示
[優先度]（　　　）2進数表示	[ヘッダチェックサム]（　　　）16進数表示
[全データ長]（　　　）バイト	[プロトコル]（　　　）16進数表示 プロトコル名（　　　　　）
[識別子]（　　　）16進数表示	[送信元IPアドレス]（　　　　　） 10進数表示
[フラグ]　[DFフラグ]（　　）2進数表示 　　　　　[MFフラグ]（　　）2進数表示	[あて先IPアドレス]（　　　　　） 10進数表示

（3）ヘッダチェックサムに基づいて誤り検出を行いなさい。

問題3　分割の問題

MTU：1500バイトのIPパケットがMTU：500バイトの回線で伝送されるとき，ルーターで断片化される。（　）に断片化されたバイト数，およびIPヘッダの項目を記入しなさい。

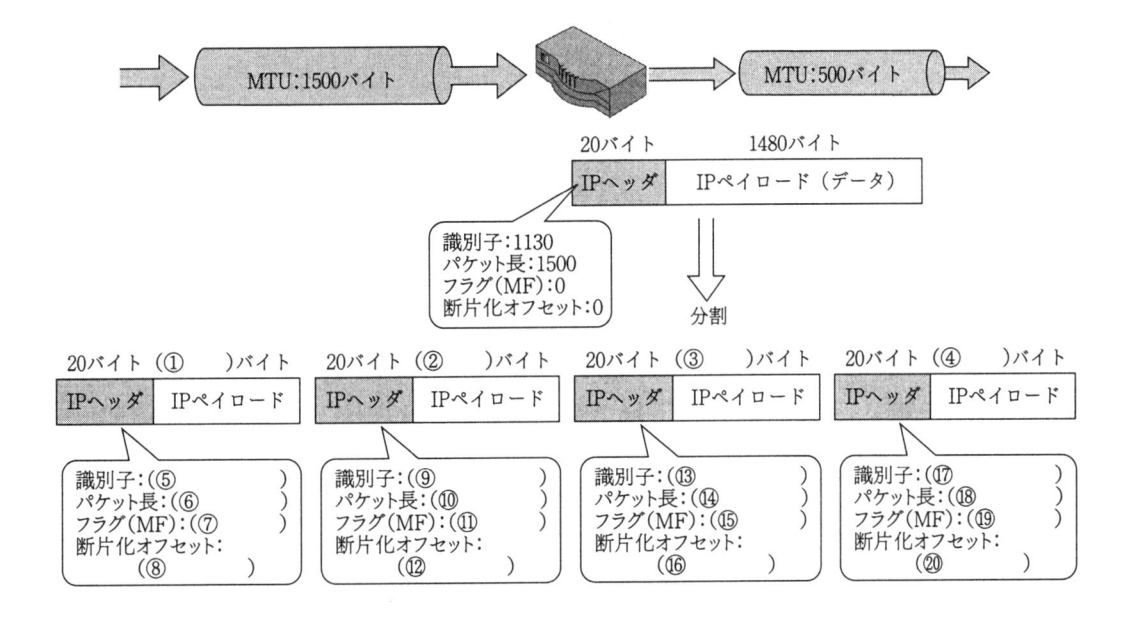

第4章 ネットワーク層のIPプロトコル 61

```
        MTU:1500バイト                MTU:500バイト
→ →                    → →
                          20バイト   1480バイト
                         ┌──────┬──────────────┐
                         │IPヘッダ│ IPペイロード（データ）│
                         └──────┴──────────────┘
                         識別子:1130
                         パケット長:1500    ↓
                         フラグ(MF):0    分割
                         断片化オフセット:0
```

20バイト（① ）バイト　20バイト（② ）バイト　20バイト（③ ）バイト　20バイト（④ ）バイト
┌──┬────┐　┌──┬────┐　┌──┬────┐　┌──┬────┐
│IPヘッダ│IPペイロード│　│IPヘッダ│IPペイロード│　│IPヘッダ│IPペイロード│　│IPヘッダ│IPペイロード│
└──┴────┘　└──┴────┘　└──┴────┘　└──┴────┘
識別子:(⑤　)　　識別子:(⑨　)　　識別子:(⑬　)　　識別子:(⑰　)
パケット長:(⑥　)　パケット長:(⑩　)　パケット長:(⑭　)　パケット長:(⑱　)
フラグ(MF):(⑦　)　フラグ(MF):(⑪　)　フラグ(MF):(⑮　)　フラグ(MF):(⑲　)
断片化オフセット:　断片化オフセット:　断片化オフセット:　断片化オフセット:
　(⑧　)　　　　(⑫　)　　　　(⑯　)　　　　(⑳　)

問題4 次のパケットについて，設問に答えなさい。

```
0000  00 20 ED 3F 74 02 00 90 — FE 88 80 9B 08 00 45 00
0010  00 30 EF CC 40 00 F7 06 — PQ RS CF 2E 4E 9E C0 A8
0020  01 96 00 50 05 62 70 38 — 52 54 0F 38 6D 65 70 12
0030  0E C4 4F 64 00 00 02 04 — 05 B4 01 01 04 02
```

（1）IPヘッダ表に16進数で記入しなさい。ただし，フラグと断片化オフセットは2進数で表しなさい。

1	8	16	24	32
バージョン(4 bit)	ヘッダ長(4 bit)	サービスタイプ（8 bit）	全パケット長（16bit）	
識別子（16bit）			フラグ(3 bit)	断片オフセット（13bit）
TTL（8 bit）	プロトコル（8 bit）	ヘッダ・チェックサム（16bit）		
送信元IPアドレス（32bit）				
あて先IPアドレス（32bit）				
オプション			パディング	

（2）ヘッダチェックサム PQ RS を求めなさい。

―――――――――――――――― 解　答 ――――――――――――――――

問題 1

（1）コネクション型プロトコルは，データを確実に届けるので信頼性は高いが，その反面，効率性は低下する。これに対して，コネクションレス型プロトコルでは信頼性は低いが，効率性が高い。これらのプロトコルは信頼性と効率性の相反する性質をもつ。

（2）TTL はルーターを通過するごとに IP ヘッダの TTL 値を 1 つずつ減らす。TTL が 0 になったとき IP パケットは破棄される。これによって，迷子の IP パケットがいつまでもインターネット上に存在することのないように TTL が設けられる。

（3）ヘッダチェックサムは IP ヘッダが壊れていないことをルーターがチェックするために設けられた項目である。チェックの結果，IP ヘッダが壊れていると IP パケットを破棄する。

（4）IP パケット，または IP データグラム

問題 2

（1）

1	8	16	24	32
バージョン（4 bit） 4	ヘッダ長（4 bit） 5	サービスタイプ（8 bit） 00	全パケット長（16bit） 00 30	
識別子(16bit) 13 FD		フラグ(3 bit) 010 (binary)	断片オフセット（13bit） 0　0000 0000 0000 (binary)	
TTL（8 bit） 80	プロトコル（8 bit） 06	ヘッダ・チェックサム（16bit） B8 EC		
送信元 IP アドレス（32bit） C0 A8 01 6B				
あて先 IP アドレス（32bit） CF 2E 9C 9C				
オプション			パディング	

(2)

[バージョン]（　4　）	[断片化オフセット]（　0　） 2進数表示
[ヘッダ長]（　20　）バイト	[TTL]（　128　）10進数表示
[優先度]（　000　）2進数表示	[ヘッダチェックサム]（B8 EC）16進数表示
[全データ長]（　48　）バイト	[プロトコル]（　06　）16進数表示 プロトコル名（　TCP　）
[識別子]（　13 FD　）16進数表示	[送信元IPアドレス]（　192.168.1.107　） 10進数表示
[フラグ][DFフラグ]（　1　）2進数表示 　　　　[MFフラグ]（　0　）2進数表示	[あて先IPアドレス]（　207.46.156.156　） 10進数表示

(3)
4500 + 0030 + 13FD + 4000 + 8006 + B8EC + C0A8 + 016B + CF2E + 9C9C
= 3FFFC
桁あふれを末尾に加算する。

```
     F F F C
 +）      3
     F F F F → （2進数表示）   1111 1111 1111 1111
```
16ビットのすべてのビットが1であるので「誤りなし」

問題3

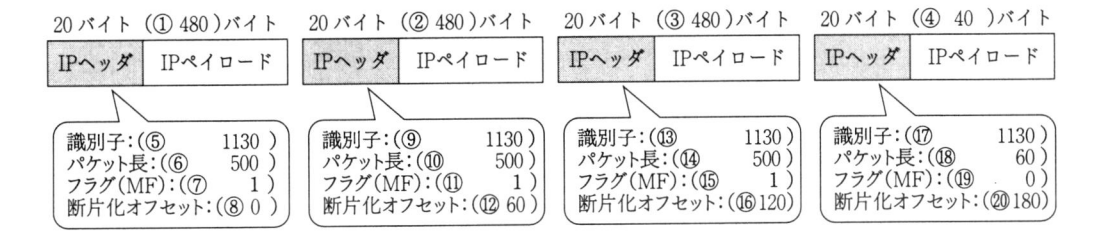

20バイト（① 480）バイト　　20バイト（② 480）バイト　　20バイト（③ 480）バイト　　20バイト（④ 40）バイト

| IPヘッダ | IPペイロード |　| IPヘッダ | IPペイロード |　| IPヘッダ | IPペイロード |　| IPヘッダ | IPペイロード |

識別子：(⑤　1130)　　識別子：(⑨　1130)　　識別子：(⑬　1130)　　識別子：(⑰　1130)
パケット長：(⑥　500)　パケット長：(⑩　500)　パケット長：(⑭　500)　パケット長：(⑱　60)
フラグ(MF)：(⑦　1)　　フラグ(MF)：(⑪　1)　　フラグ(MF)：(⑮　1)　　フラグ(MF)：(⑲　0)
断片化オフセット：(⑧ 0)　断片化オフセット：(⑫ 60)　断片化オフセット：(⑯ 120)　断片化オフセット：(⑳ 180)

問題4

(1)

1	8	16	24	32
バージョン（4bit）4	ヘッダ長（4bit）5	サービスタイプ（8bit）00	全パケット長（16bit）00 30	
識別子(16bit) EF CC			フラグ（3bit）010(binary)	断片オフセット（13bit）0 0000 0000 0000（binary）
TTL（8bit）F7		プロトコル（8bit）06	ヘッダ・チェックサム（16bit）PQ RS	
送信元IPアドレス（32bit）CF 2E 4E 9E				
あて先IPアドレス（32bit）C0 A8 01 96				
オプション			パディング	

(2)

4500 + 0030 + EFCC + 4000 + F706 + CF2E + 4E9E + C0A8 + 0196
44C0C

桁あふれを末尾に加算する。

```
      4C0C
  +)     4
      4C10
```
→（2進数表示）　0100 1100 0001 0000

　　　　　　　　　↓　1の補数（0と1を入れ替える）

　　　　　　　　1011 0011 1110 1111

　　　　　　　　　↓　16進数表示

　　　　　　　　PQRS = B3EF

第5章
IPパケットの伝送

学習のポイント

　IPパケットはヘッダに記録された「あて先IPアドレス」だけで，WAN回線の向こう側にある目的のコンピュータにLANからLANに伝わって伝送される。IPプロトコルにはIPアドレスを使って中継する機能がある。ここでは，IPパケットの伝送において，中継に必要なネットワークアドレスとルーティングを中心に学習する。

☆　IPアドレス
☆　ルーティングテーブル
☆　デフォルトゲートウェイ
☆　ネットワークの分割
☆　プライベートIPアドレス／グローバルIPアドレス

| アプリケーション層 |
| プレゼンテーション層 |
| セッション層 |
| トランスポート層 |
| **ネットワーク層** |
| データリンク層 |
| 物理層 |

5.1　IPアドレス

　IPアドレスはインターネット上でコンピュータを識別する番号で，MACアドレスとは異なり，通信機器に書き込まれているものではない。インターネットを利用するためにはパソコンにIPアドレスを設定しなければならない。ネットワーク層のIPプロトコルではIPアドレスを目印に，IPパケットを送受信する。IPアドレスはIPバージョン4（IPv4）では32ビットの2進数で示される。

（1）IPアドレスはEnd to End
　IPアドレスはネットワークのアドレスを表す「住所・氏名」で，通信の始点と終点を表す。これをEnd to Endという。図5.1に示すように，ホストAとホストBの間では途中の媒体に関係なく，必ず同じIPアドレスのついたIPパケットが行き交うことになる。

図5.1　IPアドレスはEnd to End

（2）IPアドレスの管理

IPアドレスはICANN[1]と呼ばれる団体が管理している。日本ではJPNIC[2]がICANNに代わって国内のIPアドレスの管理と割り当てを行っている。

（3）IPアドレスの表記方法

IPv4では，IPアドレスを32ビットの2進数で表現する。ただし，32ビットの2進数をそのまま表記するのは面倒である。また，2進数のままでは読み取るのに煩雑である。このため，コンピュータの設定画面などでは，IPアドレスの32ビットを，8ビットずつ4つのブロックに分け，それぞれ10進数で表現する。4つの10進数は「．」で区切られる。たとえばIPアドレスが，11000000 10101000 00000100 00010000のとき，IPアドレスは，192.168.4.16と記述される。

5.2　ネットワークアドレス／ホストアドレス

IPはEnd to Endのプロトコルである。送信されたIPパケットはIPヘッダ内のあて先IPアドレスに従って，LANからLANを通って目的地に運ばれる。送信場所から目的地への道順を経路，またはルートと呼ぶ。では，パケットがどのルートを通ればよいか，この決定をルーティングという。ルーティングには，**ルーティングテーブル**（経路表）が用いられる（図5.2）。さらにIPアドレスはネットワークアドレスとホストアドレスの2つの項目に分けられ，ネットワークアドレスがルーティングテーブルに載せられる。

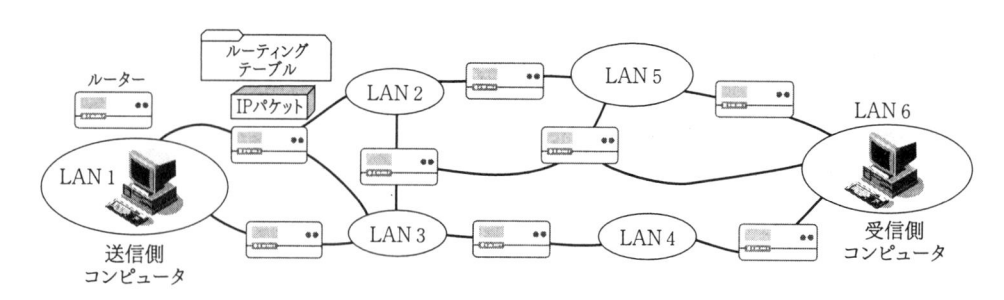

図5.2　ルーティングテーブルによって経路選択

（1）ICANN：Internet Corporation for Assigned Names and Numbers
（2）JPNIC：Japan Network Information Center

郵便の住所・氏名に対して，ネットワークではIPパケットの住所に相当するものはLANのネットワークアドレスで，名前に相当するものはホストアドレスである。

5.2.1 サブネットマスク

IPアドレスはIP v 4では32ビットで構成される。32ビットで，ネットワークアドレスとホストアドレスの両者を表す。このために，32ビットのどこがネットワークアドレスで，どこがホストアドレスかを区別しなければならない。この区別のために**サブネットマスク**と呼ばれる数値を使う。サブネットマスクはIPアドレスと同じように最大3桁の10進数を4つ組み合わせる。次に例を示す。

  IPアドレス　　　　　192.168.100.1
  サブネットマスク　　 255.255.255.0

これらを2進数で示し，桁ごとに論理積を求める。

```
                        ネットワーク部              ホスト部
                     ←―――――――――――――――――→ ←――――→
  192.168.100.1   →    11000000 10101000 01100100 00000001  ⇐ IPアドレス
  255.255.255.0   →×) 11111111 11111111 11111111 00000000  ⇐ サブネットマスク
  192.168.100.0   ←    11000000 10101000 01100100 00000000  ⇐ ネットワーク
                                                              アドレス
  ------------------------------------------------------
  192.168.100.1   ←    11000000 10101000 01100100 00000001  ⎫
  192.168.100.2   ←    11000000 10101000 01100100 00000010  ⎬ ホストに割り当て可能な
        〜                         〜                         ⎪ IPアドレス
  192.168.100.254 ←    11000000 10101000 01100100 11111110  ⎭
  ------------------------------------------------------
  192.168.100.255 ←    11000000 10101000 01100100 11111111  ⇐ ブロードキャスト
                                                              アドレス
```

図 5.3　IPアドレスの分割

サブネットマスクは図5.3の2行目に見られるように，左側から1が並んでいることがわかる。この1が並んでいるIPアドレスの部分をネットワーク部という。それに対して0の部分をホスト部という。

（1）ネットワークアドレス

2進数に変換されたIPアドレスとサブネットマスクを桁ごとに論理積の演算を行うと，図5.3の3行目のネットワークアドレスが求められる。10進数表示では，192.168.100.0となり，これはネットワーク全体のアドレスである。

（2）ホストアドレス

ホスト部について，見てみよう。図5.3の4行以降のホスト部は2進数8桁で，次の範囲となる。

  00000000,　00000001　〜　11111110,　11111111

1項目の00000000はネットワークアドレスに，最後の項11111111は，ブロードキャストで同報通信[3]に用いられるので，ホストアドレスにすることはできない。したがって，ホ

スト部の範囲は，00000001〜11111110で，ホストのIPアドレスの範囲は10進数表示で，次のようになる。

　　192.168.100.1 〜 192.168.100.254

この範囲のアドレスを図5.4のように，ホストコンピュータに割り当てることができる。

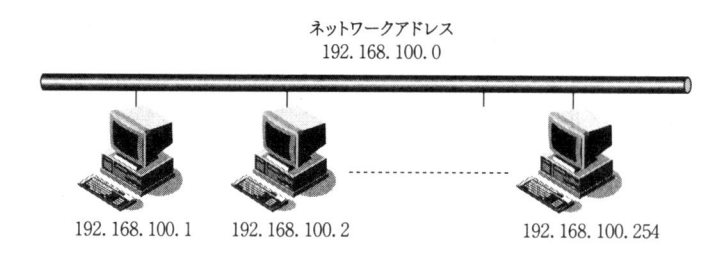

図5.4　IPアドレスの割り当て

（3）ブロードキャストアドレス

ホスト部のビットをすべて1にするとブロードキャストアドレスとなり，同報通信に使われる。この場合，ブロードキャストアドレスは，次のようになる。

　　ブロードキャストアドレス　192.168.100.255

サブネットマスクについては，左から1が並んだ部分がネットワーク部である。そのために，途中に0があることは許されない。サブネットマスクでは，一番左側のブロックは，必ず255で始まることになっている。すなわち，255.0.0.0から始まらなければならない。したがって，サブネットマスクの範囲は255.0.0.0 〜 255.255.255.252 までとなる。

255.255.255.252については，最後のブロックを2進数に変換すると，11111100となり，最後のホスト部のビット00と11を除いても2台のホストをつけることができる。しかし，11111110となると，ホストアドレスがなく意味がなくなる。

接続可能なホストコンピュータの数

1つのネットワークアドレスに最大何台のホストコンピュータが接続できるか考えてみよう。ホスト部のビット数をmとすれば，接続可能なホストコンピュータの数Dは，

　　$D = 2^m - 2$

で表される。−2の意味はネットワークアドレスとブロードキャストアドレスで，2つのアドレスがすでに使われているからである。

IPアドレス192.168.16.96，サブネットマスク255.255.255.0の場合は，ホストアドレスのビット数$m = 8$であるから，接続可能なホストコンピュータの数Dは，次のようになる。

　　$D = 2^8 - 2 = 254$

（3）LAN内のすべてのホストコンピュータに同時にデータを送信する。

5.2.2　CIDR 表記

ネットワークアドレスの範囲を直接に表す方法として CIDR（サイダー）表記がある。次に例を示す。

　　　IP アドレス　　　　　192.168.100.1
　　　サブネットマスク　　　255.255.255.0

このサブネットマスクは 2 進数表示で 11111111 11111111 11111111 00000000 となり，左から 1 が 24 個並ぶ。この 24 ビットがネットワーク部で /24 と表す。したがって，CIDR 表記では，次のようになる。

　　　192.168.100.1 / 24

〈例題 5.1〉次の IP アドレスを CIDR 表記しなさい。
　　　IP アドレス　　　　　192.168.8.48
　　　サブネットマスク　　　255.255.255.240

〔解　答〕サブネットマスクを 2 進数で表すと，次のようになる。
　　　11111111　11111111　11111111　11110000

左側から 28 ビット目までがネットワーク部で，CIDR 表記では次のように表される。
　　　192.168.8.48 / 28

〈例題 5.2〉下記の IP アドレスについて，次の問題に答えなさい。
　　　IP アドレス　　　　　192.168.70.8
　　　サブネットマスク　　　255.255.255.224

（1）ネットワークアドレス
（2）ブロードキャストアドレス
（3）ネットワークのホストコンピュータに割り当て可能な IP アドレスの範囲
（4）CIDR 表記

ヒント：

```
                          ネットワーク部        ホスト部
                     ←―――――――――――――→ ←――→
  192.168.70.8    →   11000000 10101000 01000110 000|01000
  255.255.255.224 →×)11111111 11111111 11111111 111|00000
  ─────────────────────────────────────────────────
  192.168.70.0    ←   11000000 10101000 01000110 000|00000  ⇐ ネットワーク
                                                              アドレス
  ─────────────────────────────────────────────────
  192.168.70.1    ←   11000000 10101000 01000110 000|00001
  192.168.70.2    ←   11000000 10101000 01000110 000|00010   ホストに割り当て可能な
       〳                         〳                          IP アドレス
  192.168.70.30   ←   11000000 10101000 01000110 000|11110
  ─────────────────────────────────────────────────
  192.168.70.31   ←   11000000 10101000 01000110 000|11111  ⇐ ブロードキャスト
                                                              アドレス
```

〔解　答〕（1）192.168.70.0　　（2）192.168.70.31　　（3）192.168.70.1 〜 192.168.70.30
　　　　　（4）192.168.70.8 / 27

5.3 ルーティングテーブル

　IPパケットを扱う通信機器として，コンピュータやルーター（Router）が代表的である。ルーターはコンピュータと同じと考えてもよいが，特定の処理だけを行うためキーボードやプリンタなどの周辺装置は省かれている。また，ルーターは物理層，データリンク層およびネットワーク層のプロトコルが設定されている。IPパケットを取り扱うのでルーター自身にもIPアドレスは割り当てられる。

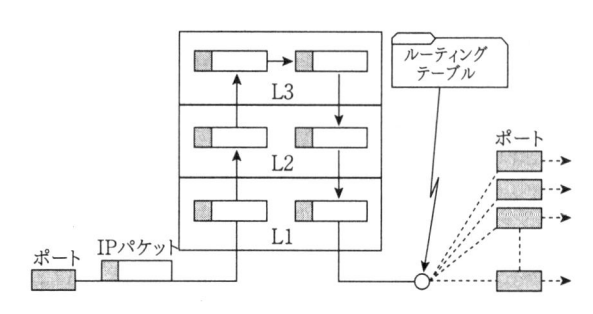

図 5.5　ルーターは L3（レイヤー 3）で中継

　図5.5に示すように，ルーターはレイヤー3までの階層をもち，各レイヤーには送受信側のコンピュータと同じプロトコルが組み込まれている。ルーターには入出力のためにポートがある。各ポートには番号がつけられ，さらにIPアドレスが振られる。

　IPパケットが，多くのLANを経由して目的地に到着するためには，ルーターの中に備えられているルーティングテーブルがその役割を果たしている。では，ルーティングテーブルの項目を見てみよう。ルーティングテーブルには少なくとも次の5つの項目をもち，これらをひとまとめにしたものをエントリという。

① あて先ネットワーク
② サブネットマスク
③ ゲートウェイ：IPパケットを次に「どこへ渡せばよいかという情報」で，IPパケットの受渡し先のIPアドレスで示す。
④ インターフェース：指定したゲートウェイにたどり着くにはどのインターフェース（ポート）から送り出せばよいかという情報で，ポートのIPアドレスで示す。
⑤ メトリック：どの経路を使うべきかを表す優先度，小さいほど優先度が高くなる。通常は，回線速度が速く，経由するネットワークの数が少ないとメトリックは小さくなる。

　経由先のネットワークがダウンしている場合は，メトリックを16にして，無限に遠いという意味をもたせる。

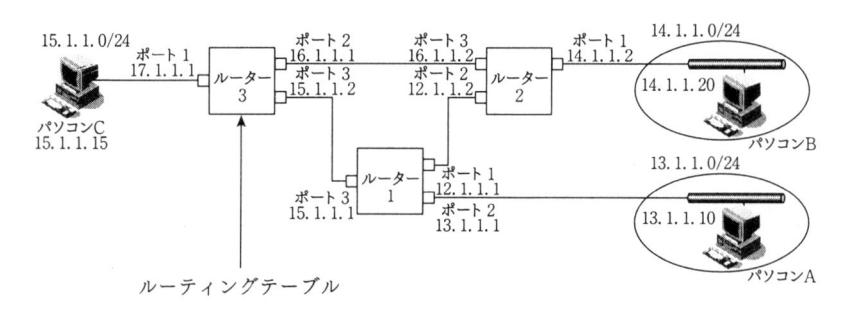

図5.6 ルーター3のルーティングテーブル

あて先ネットワーク	サブネットマスク	ゲートウェイ	インタフェース	メトリック
14.1.1.0	255.255.255.0	16.1.1.2	16.1.1.1	1
14.1.1.0	255.255.255.0	15.1.1.1	15.1.1.2	2
13.1.1.0	255.255.255.0	15.1.1.1	15.1.1.2	1

図5.6では，パソコンCからパソコンBにIPパケットを送る場合を考えてみよう。この場合，ルーター3からルーター2を通る経路と，ルーター3からルーター1を経由してルーター2を通る経路がある。この場合，後者の方が遠回りでホップ数[4]が2であるのでメトリックを2に大きくして優先度を下げる。

5.4 デフォルトゲートウェイ（Default Gateway）

ルーティングテーブルに，IPパケットのあて先がエントリになかった場合IPパケットは廃棄されてしまうが，デフォルトゲートウェイが設定されていると無条件に，そこに伝送される。デフォルトゲートウェイの経路をデフォルトルートという。デフォルトゲートウェイは次のように設定される。

　　IPアドレス　　　　0.0.0.0
　　サブネットマスク　0.0.0.0

これをCIDR表記すると，0.0.0.0 / 0となる。

IPパケットの経路は，ルーティングテーブルを検索して，対応するエントリがなかった場合は，デフォルトルートが適用される。デフォルトゲートウェイはルーターに直結している必要がある。

したがってデフォルトゲートウェイは次のIPパケットの受け取り先なので，直結しない2つ以上先のネットワークを指定することはできない。

---

[4] IPパケットが通過したルーターの数をホップ（hop）数という。

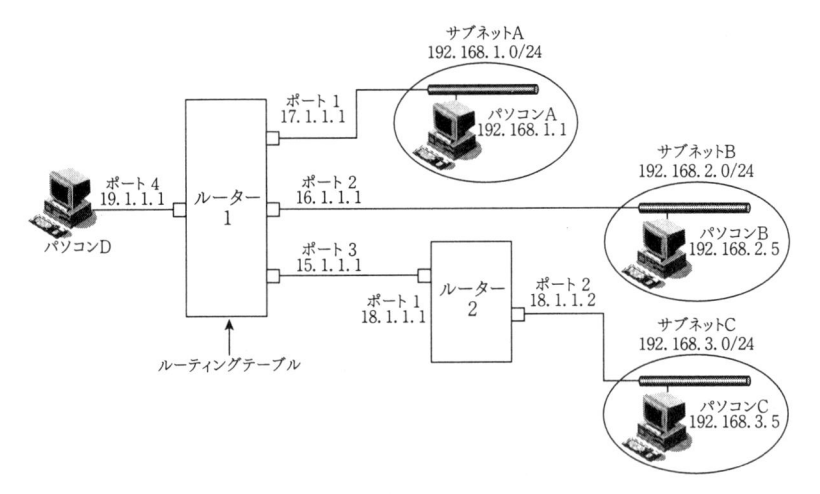

あて先ネットワーク	サブネットマスク	ゲートウェイ	インタフェース	メトリック
192.168.1.0	255.255.255.0	192.168.1.0	17.1.1.1	1
192.168.2.0	255.255.255.0	192.168.2.0	16.1.1.1	1
0.0.0.0	0.0.0.0	18.1.1.1	15.1.1.1	1

図 5.7 デフォルトゲートウェイの設定

ルーティングテーブルの経路一致検索

図 5.7 で，パソコン D からパソコン C に IP パケット（IP アドレス：192.168.3.5）を伝送する場合を考えよう．まずサブネットマスクの 1 のビット数が多いものから，IP アドレスと桁ごとに論理積を求める（ここでは論理積の演算記号に×を用いる）．

まず「255.255.255.0」との論理積を求める．

```
    192.168.3.5     →       11000000 10101000 00000011 00000101
    255.255.255.0 →×) 11111111 11111111 11111111 00000000
                              11000000 10101000 00000011 00000000 → 192.168.3.0
```

192.168.3.0 はルーティングテーブルの 1 行目，2 行目の「あて先ネットワーク」に一致しないので，次に 3 行目の 0.0.0.0 との論理積を求める．

```
    192.168.3.5     →       11000000 10101000 00000011 00000101
    0.0.0.0         →×) 00000000 00000000 00000000 00000000
                              00000000 00000000 00000000 00000000 → 0.0.0.0
```

0.0.0.0 は，「あて先ネットワーク」に一致したので，0000 / 0 というエントリが適用され，ポート 3（15.1.1.1）に IP パケットが出力される．

5.5 パソコンのルーティングテーブル

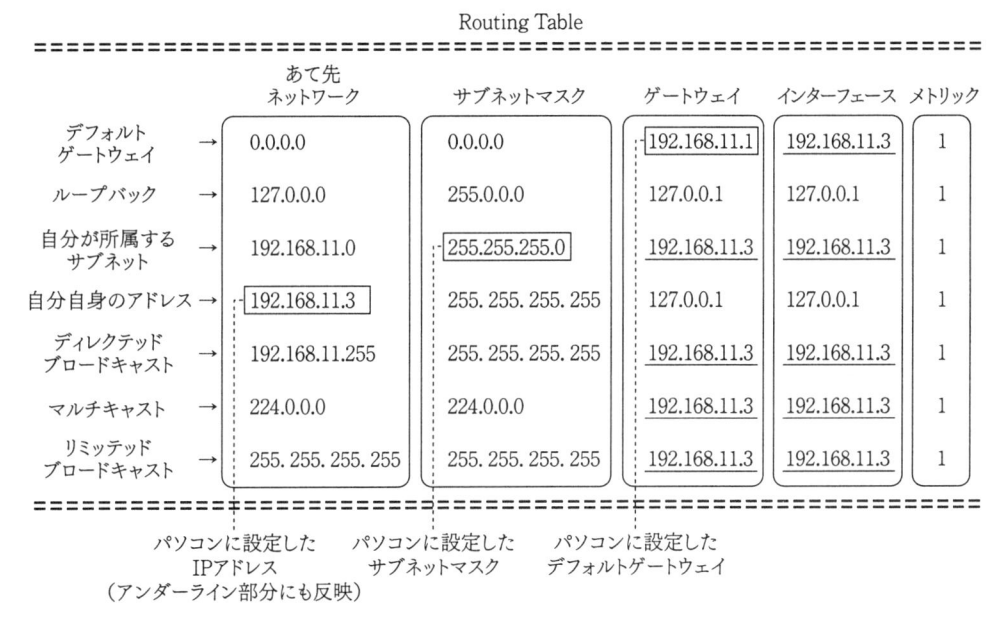

(1) パソコンのルーティングテーブルの表示

Windowsマシンのルーティングテーブルを表示してみよう。

手順1　コマンドプロンプトの起動

「スタートメニュー」→「すべてのプログラム」→「アクセサリ」→「コマンドプロンプト」をクリックする。

コマンドプロンプトが表示される。

手順2　route print と入力する。　図5.8のようなルーティングテーブルが表示される。

```
                              Routing Table
==========================================================================
                  あて先
                  ネットワーク       サブネットマスク    ゲートウェイ    インターフェース  メトリック
デフォルト
ゲートウェイ   →  0.0.0.0            0.0.0.0            192.168.11.1    192.168.11.3      1
ループバック   →  127.0.0.0          255.0.0.0          127.0.0.1       127.0.0.1         1
自分が所属する
サブネット     →  192.168.11.0       255.255.255.0      192.168.11.3    192.168.11.3      1
自分自身のアドレス→ 192.168.11.3      255.255.255.255    127.0.0.1       127.0.0.1         1
ディレクテッド
ブロードキャスト→ 192.168.11.255     255.255.255.255    192.168.11.3    192.168.11.3      1
マルチキャスト →  224.0.0.0          224.0.0.0          192.168.11.3    192.168.11.3      1
リミテッド
ブロードキャスト→ 255.255.255.255    255.255.255.255    192.168.11.3    192.168.11.3      1
==========================================================================
                  パソコンに設定した  パソコンに設定した  パソコンに設定した
                  IPアドレス          サブネットマスク    デフォルトゲートウェイ
                  (アンダーライン部分にも反映)
```

図5.8　パソコンのルーティングテーブル

(2) ルーティングテーブルの内容

図5.8の1行目を見てみよう。ここではIPアドレスとサブネットマスクが0.0.0.0, 0.0.0.0となっており、デフォルトゲートウェイが192.168.11.1に設定されている。IPパケットの行き先のエントリがないときは、IPパケットはデフォルトゲートウェイ192.168.11.1に向かってインターフェース192.168.11.3から送り出される。

2行目では、「127.0.0.0」は自分自身をあて先とする通信に使うループバックアドレスを示す。

3行目では、192.168.11.0, 2555.255.255.0 となっている。つまり192.168.11.0がこのパソコンが所属するネットワークアドレスを示している。そして、行き先(Gateway)とIPパ

ケットを送り出す出口（Interface）が同じ 192.168.11.3 になっている。このことから，192.168.11.3 はこのパソコンの IP アドレスである。

4 行目では，自分自身のアドレスを示した経路情報である。

5 行目では，サブネット内の全マシンにパケットを送るブロードキャスト通信のための経路情報である。このように特定のサブネットを指定したブロードキャストは「ディレクテッドブロードキャスト」と呼ばれる。

6 行目では，マルチキャスト通信のための経路情報である。

7 行目では，ブロードキャスト通信のための経路情報であるが，こちらは特定のサブネットを指定せずに自分がいるサブネット内に送るブロードキャストで，「リミテッドブロードキャスト」と呼ばれる。

（3）経路一致検索

パソコンは送りたい IP パケットのあて先 IP アドレスを取り出して，経路表にあるサブネットマスクと論理積（AND）演算を行う。その結果が「あて先ネットワーク」と一致するかを調べる。一致したときは，「インターフェース」から「ゲートウェイ」に向けてパケットを送り出す。

検索の際には，サブネットマスクの長さが長い[5]経路から調べる。これを最長一致検索という。最長一致検索の理由は，サブネットマスクが長いほど，あて先のホストに近い経路と推測できるからである。長いサブネットマスクは，そのサブネットに所属するホストの数が少ないということである。つまりより限られた数のホストの中にあて先のホストがあると考えられるからである。

図 5.9 において，パソコン A が IP パケットを伝送する場合を見てみよう。IP パケットのヘッダ内に格納されている「あて先 IP アドレス」は 200.10.20.30 である。

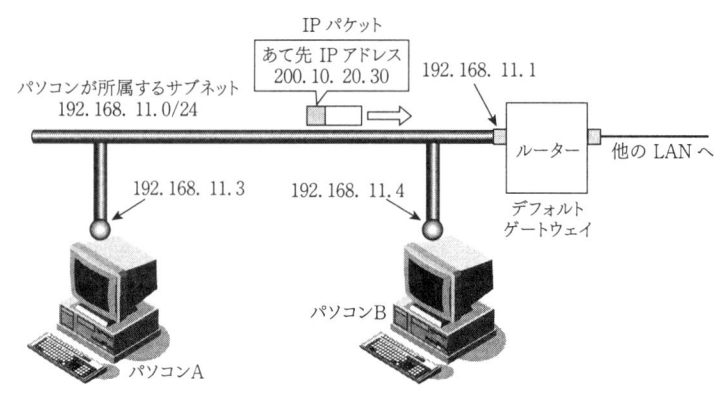

図 5.9　IP パケットのデフォルトゲートウェイへの伝送

（5）「長い」とは，サブネットマスクの連続する 1 の長さの長短である。

パソコンのルーティングテーブル（図5.8）の経路一致検索

① 1番長い4, 5, 7行目の「255.255.255.255」と論理積[6]（AND）
ブロックごとに2進数に変換して，桁ごとに論理積を求め，結果を10進数で表す。

```
    200. 10. 20. 30     →      11001000  00001010  00010100  00011110
    255.255.255.255   →×) 11111111  11111111  11111111  11111111
    200. 10. 20. 30     ←      11001000  00001010  00010100  00011110
```
　　　　└──→ どの「あて先ネットワーク」とも一致しないので②へ行く

② 2番目に長い3行目の「255.255.255.0」と論理積（AND）
```
    200. 10. 20. 30     →      11001000  00001010  00010100  00011110
    255.255.255. 0   →×) 11111111  11111111  11111111  00000000
    200. 10. 20.  0     ←      11001000  00001010  00010100  00000000
```
　　　　└──→ どの「あて先ネットワーク」とも一致しないので③へ行く

③ 3番目に長い2行目の「255.0.0.0」と論理積（AND）
```
    200. 10. 20. 30     →      11001000  00001010  00010100  00011110
    255.  0.  0.  0    →×) 11111111  00000000  00000000  00000000
    200.  0.  0.  0    ←      11001000  00000000  00000000  00000000
```
　　　　└──→ どの「あて先ネットワーク」とも一致しないので④へ行く

④ 4番目に長い3行目の「224.0.0.0」と論理積（AND）
```
    200. 10. 20. 30     →      11001000  00001010  00010100  00011110
    224.  0.  0.  0    →×) 11100000  00000000  00000000  00000000
    192.  0.  0.  0    ←      11000000  00000000  00000000  00000000
```
　　　　└──→ どの「あて先ネットワーク」とも一致しないので⑤へ行く

⑤ 5番目に長い1行目の「0.0.0.0」と論理積（AND）
```
    200. 10. 20. 30     →      11001000  00001010  00010100  00011110
      0.  0.  0.  0    →×) 00000000  00000000  00000000  00000000
      0.  0.  0.  0    ←      00000000  00000000  00000000  00000000
```
　　　　└──→ 「あて先ネットワーク」0.0.0.0と一致した。

「あて先ネットワーク」0.0.0.0と一致したので，あて先ネットワーク「0.0.0.0」の経路情報の「ゲートウェイ」に示された「192.168.11.1」へIPパケットが伝送される。

経路検索の結果，図5.9に示すように自分が所属するネットワークではないのでIPパケッ

---

[6] 論理積（AND）の演算子は×で示す。

トがデフォルトゲートウェイに送られ，そこから他のLANに伝送される。

5.6 ネットワークの分割

インターネットに接続する企業内ネットワーク，とりわけ規模の大きいネットワークはいくつかのネットワークに分けてシステムが構築される。このように分けられたネットワークをサブネットワーク，またはサブネットと呼ぶ。たとえば，100.50.0.0 / 16 では65,534台のコンピュータやルーターのような通信機器を接続することができる。しかし，このように多くの通信機器をストレートに接続することはあり得ない。もっと少ない台数のコンピュータを接続したサブネットを，いくつか接続して1つの企業内通信網を構成する。

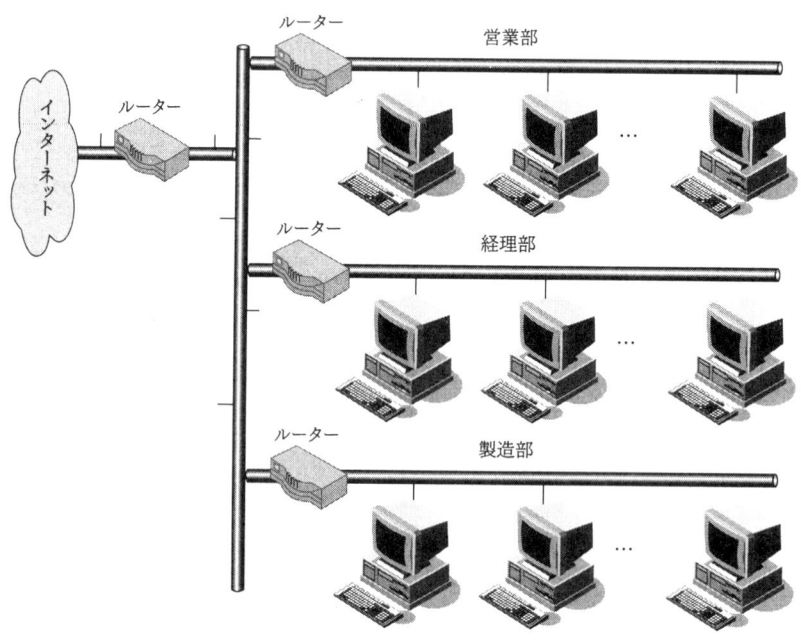

図5.10 ネットワークの分割

企業内通信網では，図5.10のように部署ごとに分割されていれば管理が容易になる。また，分割化によってIPパケットの衝突が回避でき，伝送効率が高まる。

分割の方法として，IPアドレスのホスト部を分割して，サブネットのアドレスとする。これは，ネットワーク部とホスト部の境界からホスト部側へ，適当なビット数だけずらすことである。たとえば，100.50.0.0 / 16 ではホスト部を右に8ビットずらし，この8ビットでサブネットのアドレスを示す。残りの右側の8ビットをホスト部とする。この場合，サブネットには254台の通信機器を接続することができる。

では，人事部，経理部，製造部，および営業部の4部署にIPアドレスを分割してみよう。ただし，各部署のホストコンピュータの数はそれぞれ80台とする（図5.11）。

　　IPアドレス：192.168.28.0 / 22

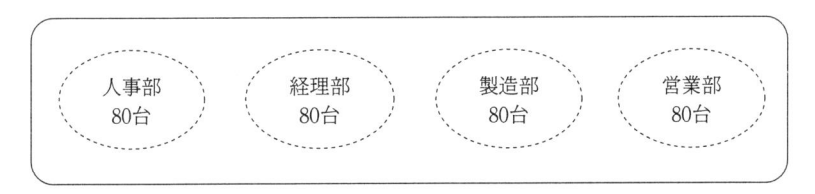

図 5.11 部署ごとにネットワークを分割

　192.168.28.0 / 22 のサブネットマスクは「11111111 11111111 11111100 00000000」で示される。このサブネットマスクのホスト部の左側の何ビットかをサブネットのために使用する（図 5.12　参照）。サブネット部のビット数については，次の手順で示す。

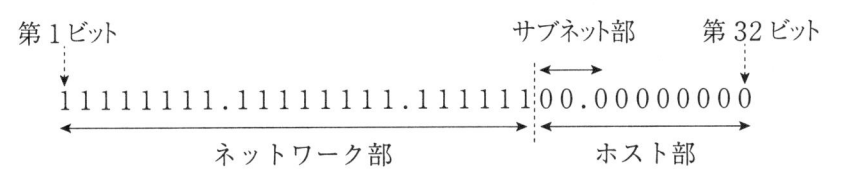

図 5.12　ホスト部にサブネット部の設定

サブネット部の各ビットには次のルールがある。
（1）サブネット部のビットをすべて 0，または 1 にすることはできない。
（2）ホスト部のビットをすべて 0，または 1 にすることはできない。
　上に述べたルールに基づいて次の手順でサブネットのビット数，ホスト部のビット数を決定する。

手順 1　サブネットを指定するために必要なビット数の決定
　　$2^x - 2 \geq m$ ただし，x：ビット数，m：サブネット数（分割数）
　　ここで，-2 はすべて 0 と 1 を除くためである。
　4 つのサブネットに分割する場合 $2^x - 2 \geq 4$ を満たす x は $x \geq 3$ である。したがって 3 ビット以上あればよいことになる。ここでは 3 ビットを採用する。

手順 2　ホストを指定するために必要なビット数の決定
　　$2^x - 2 \geq h$ ただし，x：ビット数，h：ホスト数
　80 台のホストの場合，$2^x - 2 \geq 80$ を満たす x は $x \geq 7$ である。したがって 7 ビット以上あればよい。ここでは，7 ビットを採用する。

手順 3　カスタムサブネットマスクの作成
　カスタムサブネットマスクはサブネット分割のために作成されるサブネットマスクである。第 23，24，25 の 3 ビットをサブネットのために使用するのでカスタムサブネットは図 5.13 のようになる。

```
            ←─ ホスト部 ─→
11111111 11111111 111111:00 00000000   ←‥‥分割前
          255.255.252.0     サブネット部 ホスト部
   ⇓                      ←──→ ←─────→
11111111 11111111 111111:11 1:0000000   ←‥‥分割後
          255.255.255.128
```

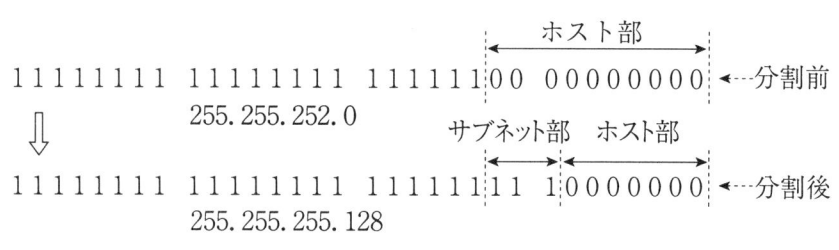

図5.13　カスタムサブネットマスク

手順4　サブネット部に部署を割り当て

サブネット部は3ビットであるから8通りの組み合わせができる。分割化のルールにより000と111は使用できないので，これらを除いて，図5.14のように各部署を割り当てた。

```
                        サブネット部 ホスト部
                        ←──→ ←─────→
11000000 10101000 000111:00 0 0000000
                         ┌→ 000
         使用不可 ┈┈┈┈┤→ 001
                  人事部 ┈→ 010
                  経理部 ┈→ 011
                  製造部 ┈→ 100
                  営業部 ┈→ 101
                         → 110
                         └→ 111
```

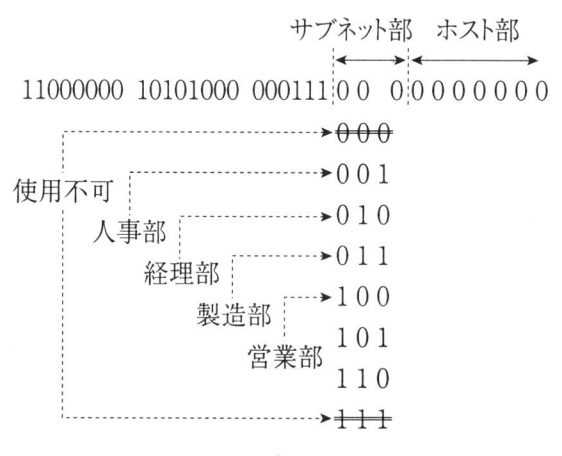

図5.14　サブネット部にビット割り当て

手順5　各部署のサブネットのIPアドレス

サブネット部のビットを考慮すると，各部署のIPアドレスは次のようになる。

　　　人事部　11000000 10101000 00011100 10000000 → 192.168.28.128 / 25
　　　経理部　11000000 10101000 00011101 00000000 → 192.168.29.0 / 25
　　　製造部　11000000 10101000 00011101 10000000 → 192.168.29.128 / 25
　　　営業部　11000000 10101000 00011110 00000000 → 192.168.30.0 / 25

したがって，サブネットのIPアドレスは図5.15のように割り当てられる。

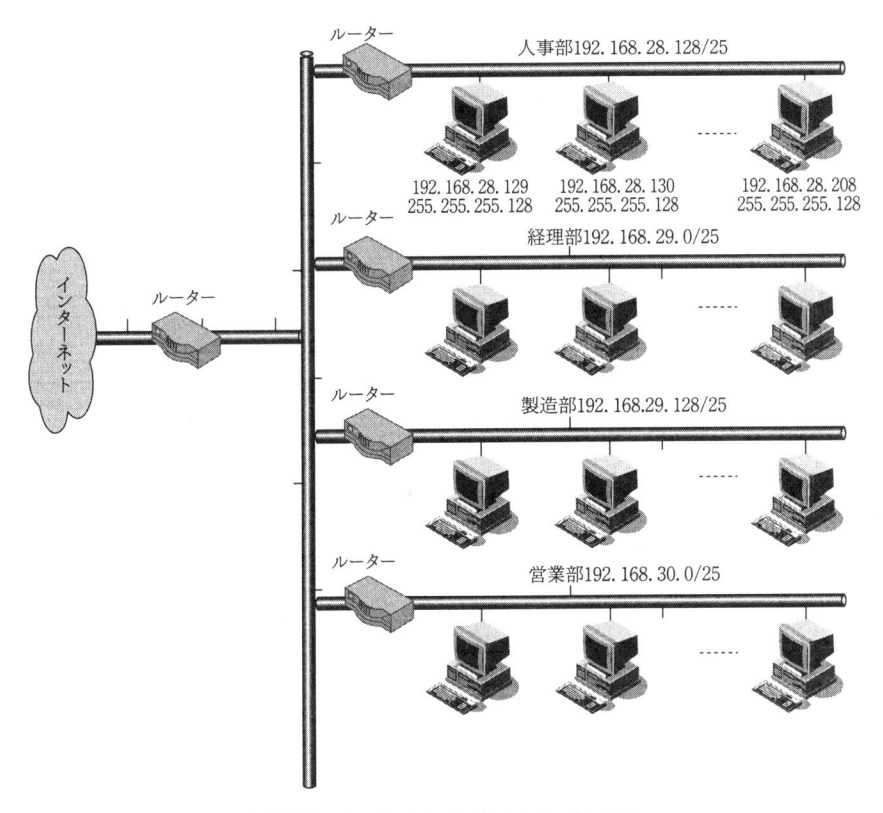

図 5.15 各部に割り当てられた IP アドレス

【練習問題】

問題 1 ルーティングテーブルがもつ 5 つの項目とその役割を述べなさい。

問題 2 デフォルトゲートウェイとはどういうものか。

問題 3 IP アドレスは End to End である。この意味を述べなさい。

問題 4 ネットワークの IP アドレスが次のように表されるとき，問題に答えなさい。
　　　　IP アドレス　　　　192.168.3.16
　　　　サブネットマスク　　255.255.255.240
（1）ネットワークアドレス　　（2）ブロードキャストアドレス
（3）ホストに割り当てることのできる IP アドレスの範囲を求めなさい。

ヒント：

```
                              ネットワーク部                    ホスト部
                          ←──────────────────→  ←→
192.168.3.16      →       11000000 10101000 00000011 0001 0000
255.255.255.240   →×)     11111111 11111111 11111111 1111 0000
─────────────────────────────────────────────────────────────
192.168.3.16              11000000 10101000 00000011 0001 0000   ⇐ ネットワーク
                                                                    アドレス
192.168.3.17              11000000 10101000 00000011 0001 0001   ⎫
192.168.3.18              11000000 10101000 00000011 0001 0010   ⎪
        ・                         ・                            ⎬ ホストに割り当て
        ・                         ・                            ⎪  可能なIPアドレス
        ・                         ・                            ⎪
192.168.3.30              11000000 10101000 00000011 0001 1110   ⎭
─────────────────────────────────────────────────────────────
192.168.3.31              11000000 10101000 00000011 0001 1111   ⇐ ブロードキャスト
                                                                    アドレス
```

問題 5 次のネットワークアドレスとサブネットマスクをもつネットワークがある。
　　　200.170.70.16
　　　255.255.255.240
このネットワークを利用する場合，パソコンに割り振ってはいけない IP アドレスはどれか。また，その理由を述べなさい。
（1）200.170.70.17　（2）200.170.70.20　（3）200.170.70.30
（4）200.170.70.31

問題 6 100 台のホストに IP アドレスをできるだけ無駄なく割り当てるとき，サブネットマスクはどのように設定すればよいか。
ヒント：100 台のホストを割り当てるためには，($2^x - 2 \geq 100$)を満足する 7 ビットのホスト部が必要である。すなわち，
11111111 11111111 11111111 10000000

問題 7 図 5.7 において，パソコンから IP パケットが出力された。ルーター 1 のルーティングテーブルによって，どのポートに出力されるか。ただし，IP パケットのあて先 IP アドレスは「192.168.2.5」である。ルーティングテーブルにおいて，最長一致検索ルールに従って，経路を決定しなさい。

問題 8 150.100.50.0 / 24 を使って A, B, C, D, E の 5 つのグループのサブネットを作成する。ただし，各グループにはホストコンピュータが最大 25 台接続できるものとする。
（1）カスタムサブネットマスクを決定しなさい。
（2）各グループのサブネットの IP アドレスを求めなさい。
（3）各サブネット上では最大いくつのホストアドレスを割り当てることができるか。

ヒント：150.100.50.0 / 24 のサブネットマスクは,
11111111 11111111 11111111 00000000
サブネットのビット数は，$2^x - 2 \geq 5$ を満足する x は，$x \geq 3$ である。そこで，第 25 ～ 27 ビットまでをサブネット部とする。またホスト部のビット数は，$2^x - 2 \geq 25$ で $x \geq 5$ となるので，第 28 ～ 32 ビットをホスト部とする。したがって,
カスタマサブネットマスク：11111111 11111111 11111111 11100000

```
                                    サブネット部  ホスト部
                                    ←→          ←→
150.100.50.0  →  10010110 01100100 00110010  000       00000
                         ┌ Aグループ →  001
                         │ B    〃   →  010
        各グループをサブネット部に │ C    〃   →  011
               割り当て     │ D    〃   →  100
                         └ E    〃   →  101
                                         110
                                         111
```

―――――――― 解　答 ――――――――

問題 4

（1）ネットワークアドレス　192.168.3.16
（2）ブロードキャストアドレス　192.168.3.31
（3）コンピュータに割り当てることのできる IP アドレスの範囲は
　　　192.168.3.17 ～ 192.168.3.30

問題 5

（4）はブロードキャストアドレスであるため割り振ることはできない。

問題 6

255. 255. 255. 128

問題 7

ポート 2
計算：

```
         192. 168. 2. 5
    ×) 255. 255. 255. 0
         192. 168. 2. 0    ← あて先ネットワークアドレス
```

ルーティングテーブル2行目の192.168.2.0と一致するので，インターフェースの16.1.1.1，すなわち，ポート2に出力する。

問題8

(1) 255.255.255.224

(2) Aグループ：150.100.50.32 / 27，Bグループ：150.100.50.64 / 27
    Cグループ：150.100.50.96 / 27，Dグループ：150.100.50.128 / 27
    Eグループ：150.100.50.160 / 27

(3) $D = 2^5 - 2 = 30$ 台

第6章
TCP/UDP プロトコル

学習のポイント

トランスポート層では，TCP と UDP が代表的なプロトコルである。TCP はコネクション型プロトコルでデータを相手に必ず届ける。それに対して，UDP はデータ伝送の効率性を重視したコネクションレス型プロトコルである。本章では，TCP と UDP ヘッダの内容を分析し，それらのプロトコルの機能を学習する。さらに，コンピュータ内では，複数の処理プログラムが働いているが，これらの処理プログラムに，データをどのように受け渡すかについて学習する。

☆ コネクション型／コネクションレス型プロトコル
☆ プロセス間通信
☆ TCP／UDP パケットのヘッダ構造

アプリケーション層
プレゼンテーション層
セッション層
トランスポート層
ネットワーク層
データリンク層
物理層

6.1 コネクション型とコネクションレス型

　トランスポート層の代表的なプロトコルは，TCP と UDP である。両者とも上位層からのデータをネットワーク層の IP に渡したり，逆に IP から受け取ったデータを上位層のアプリケーションソフトに渡したりする役割である。データを確実に届けるか，またはシンプルに届けるかで TCP と UDP を使い分ける。

　TCP と UDP は図6.1に示すようにトランスポート層のプロトコルで，通信を行う2台のコンピュータが備える仕組みである。途中の中継機器には TCP プロトコルを備えることはない。IP プロトコルでは途中のルーターを経由したが，図6.1に見られるように TCP と UDP の仮想通信路はルーターの頭越しに架けられる。

　TCP はデータを確実に届ける信頼性の高いコネクション型のプロトコルである。しかし，その反面，効率性は低下する。一方，UDP はシンプルで信頼性は低いが，効率性が高いコネクションレス型のプロトコルである。

　これらのプロトコルは信頼性と効率性の相反する性質を考慮して，アプリケーションに適

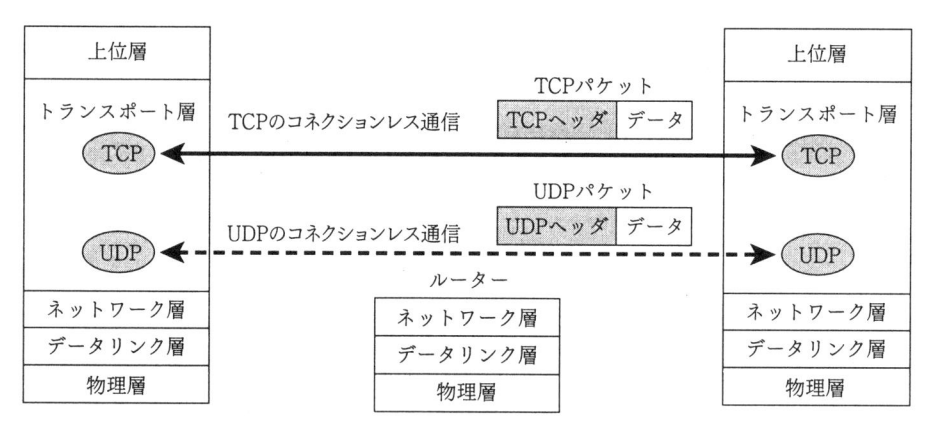

図6.1 トランスポート層の通信

したプロトコルが用いられる。

6.2 プロセス間通信

現在では，1台のコンピュータで複数のプログラムを動作させるのが普通である。たとえば，ホームページを見ながら，ワープロを起動し，同時にメールを送信するといった具合である。実行中のプログラムをプロセス（process）という。データ通信を伴うプロセスでは，アプリケーション層の通信プロトコルがプロセスに組み込まれる。たとえば，ホームページを見るためにブラウザを立ち上げるとプロセスが生成されるが，その中にはHTTPが組み込まれる。

届けられたデータがどこのアプリケーション宛なのか区別しなければならない。このアプリケーションを区別するのがトランスポート層のTCPとUDPの役割である。

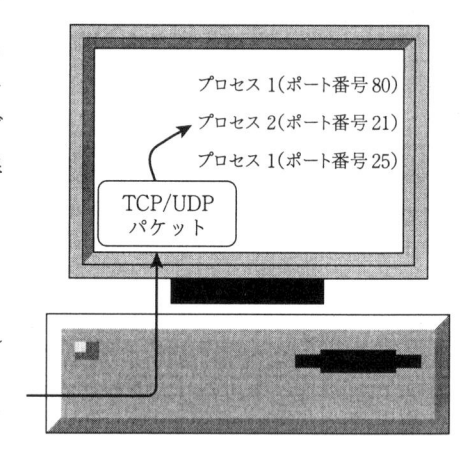

図6.2 プロセスを識別するポート番号

6.2.1 ポート番号

外からパケットが送られてきたとき，複数のプロセスが動いているとき，TCP/UDPパケット[1]は「どこのプロセスに渡せばよいか」が問題となる。そこで，プロセスに区別を与える仕組みがある（図6.2）。

TCP/UDPでは，外部から「あるプロセス」に接続する際にあらかじめ取り決めた番号を

（1）TCP/UDPパケット：TCPパケット，またはUDPパケットを意味する。

使って指定する。この番号をポート番号という。ポート番号は 16 ビットで，理論的に $2^{16} =$ 65536 個あることになる。ポート番号には次の 2 種類がある。

（1）ウェルノウンポート番号（Well-known port number）

サーバーでは，電子メールや WWW など一般的なアプリケーション層のプロトコルには，あらかじめポート番号が割り当てられている。これをウェルノウンポート番号という。たとえば，WWW のサービスに使う HTTP には 80，ファイル転送の FTP には 21 が割り当てられる。これらの代表的なウェルノウンポート番号を表 6.1 に示す。

ウェルノウンポート番号は IANA（Internet Assigned Numbers Authority）が特定のアプリケーションプロトコル用に 0～1023 番まで予約している。これらのポート番号は RFC 1060 として文書化され，その後，RFC 1700 で更新されている。ウェルノウンポート番号の詳細はインターネットのホームページを使って，次の URL で調べることができる。

　　　http://www.iana.org/assignments/port-numbers

表 6.1　ウェルノウンポート番号

通信サービス	ポート番号	備　考
FTP	20 21	ファイル転送（データ用） 〃　　　（制御用）
TELNET	23	仮想端末
SMTP	25	電子メールの送信
DNS	53	ドメイン名と IP アドレスの対応づけ
DHCP	67 68	IP アドレスの割り当て（サーバ用） 〃　　　　　　　（クライアント用）
HTTP	80	HTML 文章の送受信
POP	110	電子メールの受信

（2）短命ポート番号（Ephemeral port number）

クライアントでは，使用するポート番号は一時的に OS が割り当てる。一時的に割り当てるポート番号は，短命ポート番号と呼ばれる。

6.2.2　ポート番号を用いた通信

ポート番号を用いてネットワーク上で通信をする方法を説明する。

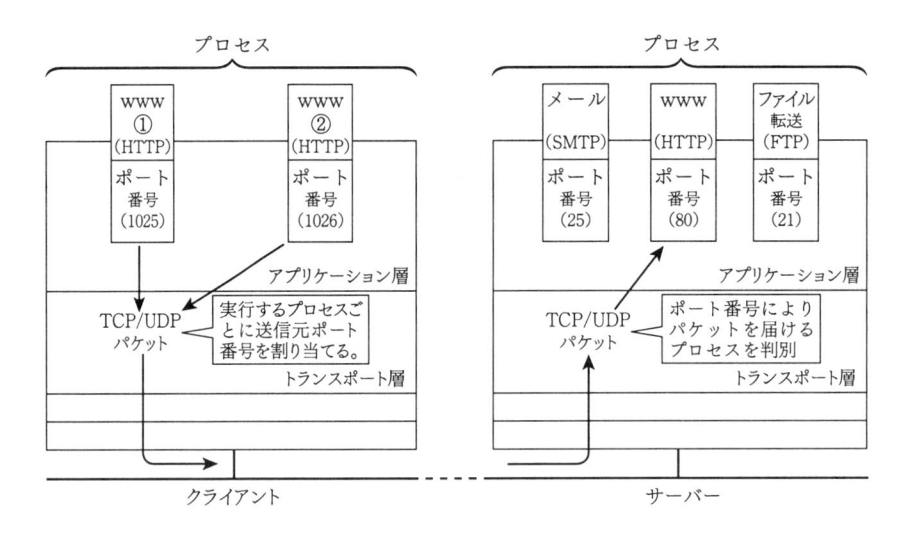

図6.3 ポート番号によるプロセスの識別

（1）クライアント側

クライアントは1台で同一のプロセスを何回か実行することができる。たとえば，1台のパソコンでブラウザを複数起動させ，それぞれが異なるWWW通信でホームページを見ることがある。この場合，クライアントは複数のプロセスを立ち上げて，同一のサーバー（WWWサーバー）と通信することになる。このときは，サーバー宛の「あて先ポート番号」は，どのプロセスからのものでも同じHTTPの値80である。そこで，送信元ポート番号がクライアントのプロセスごとに異なれば，サーバーは応答パケットを送信元ポート番号のプロセスに返すことができる。

図6.3では，WWW①とWWW②の2つのプロセスを同時に立ち上げた。それらのポート番号はOSが自動的に割り当て，それぞれ1025と1026であるとする。あて先ポート番号は，両者ともサーバーのWWWのプロセスを示す80である。

（2）サーバー側

サーバーでは，図6.3に示すようにホームページを見るために，クライアント側からホームページ用のファイル転送を要求される。そのときTCP/UDPパケットの「あて先ポート番号」は「ウェルノウンポート番号」80である。送信元ポート番号はクライアントのOSが割り当てた「短命ポート番号」1025，または1026である。

サーバー側では，送られてきたTCP/UDPパケットの「あて先ポート番号」80から，判断して「WWWプロセス」にパケットを渡す。

逆にサーバーからクライアントに応答のパケットを送るときは，あて先ポート番号は，先にクライアントが指定してきた短命ポート番号1025または，1026を設定する。送信元ポート番号には，そのプロセスに応じた80を設定して，パケットをクライアントに送る。

6.3 TCP プロトコル

TCP はコネクション型プロトコルである。ポートを用いて，ネットワーク経由で「あるプロセス」から「別のプロセス」へコネクション接続して，通信を行う。

送信側の TCP プロトコルでは，上位層から渡されたデータに TCP ヘッダを付けて，図 6.4 に示す TCP パケットを生成する。受信側では TCP パケットに付けられた TCP ヘッダを読み取って誤り訂正や通信データの制御，パケットの到着順序などの制御を行う。これによって，信頼性の高い通信が可能となる。

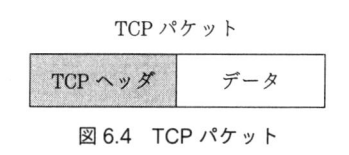

TCP パケット

| TCP ヘッダ | データ |

図 6.4　TCP パケット

6.3.1　MSS の決定

アプリケーション層のプロトコルから渡されたデータは，トランスポート層の TCP に渡され，小さく分割される（図 6.5　参照）。その分割されたデータは TCP パケットのデータ部に設定される。そのデータ部の最大長を MSS（Maximum Segment Size）という。

MSS のデータ・サイズは次の 2 つの事項を考慮して，分割の大きさが決定される。

（1）　MSS は送信元パソコンの IP や Ethernet で扱える大きさで，通信相手が受け取れる大きさである。

（2）　伝送途中で分割されない最大サイズに分割する。その理由は，途中のルーターの IP で分割するとルーターの負荷が大きくなるからである。

クライアントとサーバー間で通信を行う場合，TCP コネクションの確立時にお互いに MSS の値を交換して，小さい方の値に設定される。

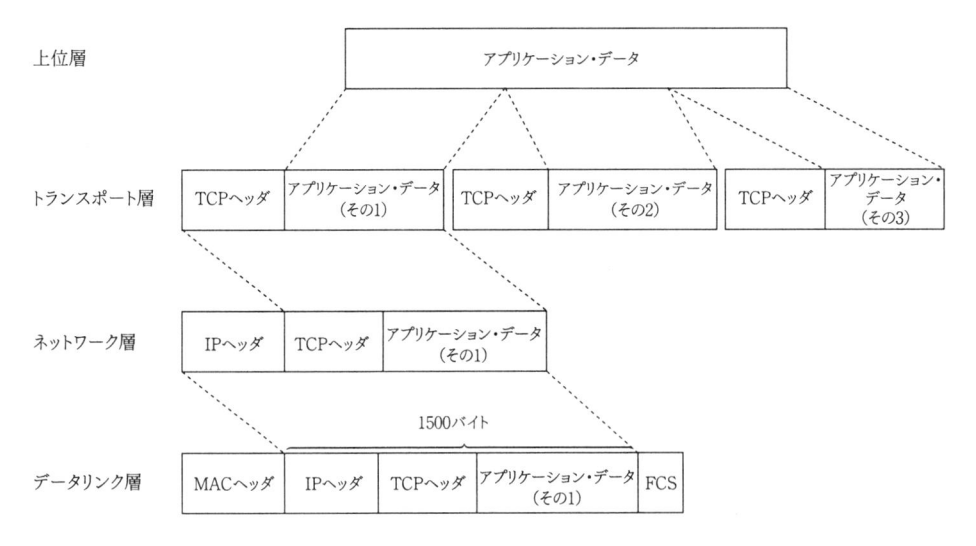

図6.5 TCPによるアプリケーション・データの分割

6.3.2 TCPヘッダ

TCPプロトコルはTCPヘッダの項目を制御パラメータとして，通信を実行する。TCPヘッダには図6.6に示すようにTCPプロトコルが実行するに必要な10個の項目がある。ただし，TCPオプションという項目を追加して，11個にする場合がある。

図6.6 TCPヘッダの構造

TCPヘッダの各項目の役割について説明する。

（1）送信元ポート番号，あて先ポート番号

ポート番号はコンピュータで稼働するアプリケーションのプロセスとTCPのコネク

ションを関連付けるものである。「送信元ポート番号」は送信元のアプリケーションのポート番号，「あて先ポート番号」は送信先のアプリケーションのポート番号である。TCP は送信側と受信側のそれぞれのポート番号でアプリケーション間の通信を行う（図6.3　参照）。

（2）シーケンス番号

送信側と受信側のトランスポート層の間に TCP コネクションによる仮想的な通信路を想定する。その間を流れるデータをバイト単位のストリームとみなす（図6.7）。

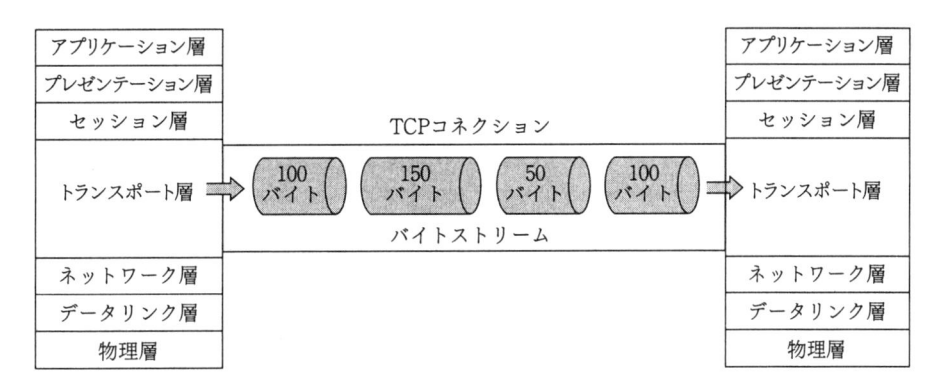

図 6.7　仮想的な伝送路のバイトストリーム

シーケンス番号は TCP パケットの順番を表し，受信側はシーケンス番号を参照して受信したパケットの先頭がバイトストリームのどの位置にあるかを判断する。

通信を行うとき最初に使うシーケンス番号を初期シーケンス番号という。この値は乱数などでランダムな値が使われる。毎回初期シーケンス番号を変えることで，確実にデータを識別し，さらに他人にデータをのぞかれることをなくすためである。送信側と受信側のシーケンス番号の体系は，まったく独立している。

送信側では，次のようにシーケンス番号を決める。

① コネクション確立時

コネクションを確立する段階では，制御データをやりとりするだけで，データ本体の送受信は行われない。しかし，TCP は 1 バイトのデータをやりとりしているものとみなし，シーケンス番号に 1 を加算する。すなわち，

送信側：次のシーケンス番号 ＝ 初期シーケンス番号＋1

② データ伝送時

シーケンス番号＝前回送信したシーケンス番号＋前回送信したバイト数

例で示すと，シーケンス番号 100 のとき，300 バイトのデータ本体を送信すると，次のシーケンス番号は，100 ＋ 300 ＝ 400 となる。

（3）確認応答番号

確認応答番号は，「データを今受信した」と送信側に知らせる信号である。確認応答番号

は次の値で送信側に送られる。

確認応答番号＝送信側から送られたシーケンス番号＋データ本体のバイト数

　送信側でこの確認応答番号を受信すると，確認応答番号は送信側が次に送信するシーケンス番号と同じであるはずである。これらを比較して同じであれば正しくデータが送信されたと判断する。

　確認応答番号は 32 ビットであるので，$2^{32}-1$ までカウントできる。2^{32} に達すると 0 になり再度カウントが再開される。

（4）データ・オフセット

　TCP ヘッダの長さを 4 バイトで 1 単位とする。データ・オフセットのフィールド長は 4 ビットであるので，表現できる数の範囲は，0 ～ 15 である。TCP ヘッダは 20 ～ 60 バイトであるので，そのままでは表現できない。そこで，4 バイトを単位にすれば 60 バイトでも 15 となり，表現できる。

（5）予約済み

　送信側がすべて 0 に設定して，送信される。将来に備えて準備された項目である。

（6）フラグ

　1 ビットのフラグが 6 つある（図 6.8）。それぞれのビットのフラグは TCP の通信を制御するために使われる。それぞれのフラグの役割を示す。

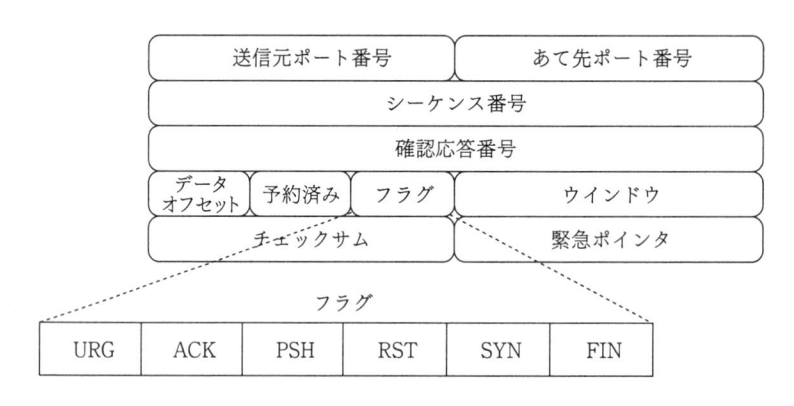

図 6.8　フラグ

①　URG（アージェント：Urgent Pointer field significant）

　TCP パケットに緊急に処理しなければならないデータがあると，通信相手に知らせるときは，この値を 1 にする。

②　ACK（アック：Acknowledgment field significant）

　通信相手に確認応答を行うとき，このビットを 1 にして，「送られてきたデータを確かに受け取った」と知らせる。確認応答番号の項目には次に受信したいシーケンス番号を入れ

③ PSH（プッシュ：Push Function）

データをアプリケーション層に渡してすぐに処理してほしいときに 1，データをバッファに入れてもかまわないときは 0 を設定する。

④ RST（リセット：Reset the connection）

異常でコネクションが終了できないときは，このビットを 1 に設定してコネクションをリセットする。

⑤ SYN（シンク：Synchronize sequence numbers）

コネクションを確立したいときに，SYN フラグを 1 に設定して TCP パケットを送信する。

⑥ FIN（フィン：Finish）

コネクションを終了するときに，FIN フラグに 1 を設定して送信する。通信相手が FIN フラグを 1 に設定して返信してきたら，コネクションは終了する。

（7）ウィンドウ（Window）

受信データを一時的に保存しておくバッファ領域をウィンドウという。ウィンドウはバッファ領域の余裕をバイト単位で示す。図 6.9 に見られるように，受信側のアプリケーションは受信バッファに蓄えられたデータを順番に取り出して次々に処理する。しかし，処理が追いつかず受信データが次々に入ってくると，バッファに収まらなくなる。そして最後には，あふれたデータが受信処理されずに，すべて廃棄されてしまう。

あふれによる TCP パケットの廃棄を防ぐためには，受信元のバッファの大きさを送信側に伝え，送信量を減少，止めてしまえばよい。この仕組みをフロー制御という。フロー制御に重要な役目をするのがバッファの余裕を示すウィンドウ・サイズである。

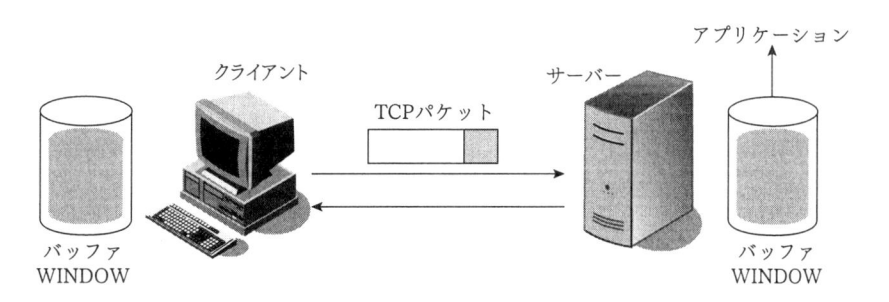

図 6.9 ウィンドウ

（8）チェックサム

チェックサムはエラーチェックのための項目である。TCP ヘッダ，データ本体，それに TCP 疑似ヘッダに対してチェックする。TCP 疑似ヘッダの中には，送信元 IP アドレス，あて先 IP アドレス，プロトコル番号，それに TCP パケット長で作成される。計算方法は 1 の補数和を使う。

（9）緊急ポインタ

緊急ポインタは，緊急データのストリーム上の終了バイトの位置を示す。この項目に値が入ると，TCP パケットは URG が 1 になる。

（10）オプション

オプションには TCP パケットの最大サイズを送信相手と調整するためのものと，受信バッファであるウィンドウ・サイズを相手に知らせるものなどがある。

6.4　UDP プロトコル

UDP[2]はコネクションレス型プロトコルであり，TCP のようにコネクションを確立したり，シーケンス番号を使ってデータの順番を制御したり，回線が混雑したときにはふくそう制御をするような仕組みはない。ただ，相手の都合を考えずに，データを送るだけである。

このように，コネクションレス型では，FAX 通信のように通信相手がいるかどうかは確認せずにデータ伝送が行われる。そのために，通信相手がいない場合や，相手に届かない場合にもデータ伝送は行われてしまう。

UDP を使う目的は，とにかく速く，手軽に，データが送受信できるためである。

UDP プロトコルの特徴
　① コネクションレスであるので，伝送までの手続きが簡単である。
　② データが途中で失われても，確認も再送もしないので信頼性が低い。
　③ UDP ヘッダは，8 バイトで TCP ヘッダより少ない（TCP ヘッダは 24 バイト）。

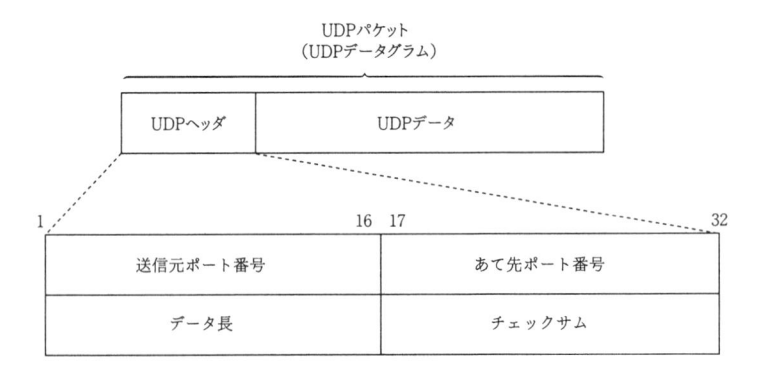

図 6.10　UDP パケットの形式

UDP ヘッダには図 6.10 に示すように 16 ビットの 4 つの項目しかない。UDP プロトコルはこれらの項目を制御パラメータとして通信を実行する。これらの項目の役割を次に示す。

（2）UDP：user datagram protocol

（1）ポート番号

「あて先ポート番号」は，UDPパケットが送信先のどのアプリケーションのプロセスに送られるのかを指定するものである。また，「送信元ポート番号」は送信元のアプリケーションのプロセスとトランスポート層のUDPを結ぶための番号である。

（2）データ長

UDPパケット全体の長さをバイト単位で示す。UDPパケットはUDPヘッダとUDPデータの合計である。

（3）チェックサム

パケットのUDPヘッダとUDPデータの部分が破損していないかを確認するために使われる。UDPではオプション扱いで，計算しなくともよい。チックサム項目が0の場合は検証しない。受信したパケットのチェックサムが0でない場合は，チェックサムが検証される。チェックサムが正しくない場合は，UDPパケットは破棄される。破棄されたUDPパケットは再送されることはない。

【練習問題】

問題1 TCPプロトコルとUDPプロトコルについて，その特徴を比較しなさい。

問題2 UDPのヘッダ項目にはないが，TCPヘッダ項目には含まれている情報はどれか。
① あて先ポート番号
② シーケンス番号
③ 送信元ポート番号
④ チェックサム
　　　　　　平成13年情報処理技術者　テクニカルエンジニア（ネットワーク試験）

問題3 ポート番号について，次の問に答えなさい。
（1）ポート番号は理論的に何番から何番までか。
（2）そのうちWell-Knownポート番号は何番から何番か。
（3）ポート番号の割り当てを管理している機関はどこか。
（4）HTTPのポート番号は何番か。

問題4 TCPヘッダのシーケンス番号について，次の問に答えなさい。
（1）初期シーケンス番号には，どのような値が用いられるか。
（2）コネクション確立時にシーケンス番号100に対して，受信側からの「確認応答番号」はいくつか。

（3）データストリーム500バイト，シーケンス番号200に対して，「確認応答番号」はいくつを返すか。

問題5 TCPヘッダのWindowについて次の問に答えなさい。
（1）Window項目を設ける目的は何か。
（2）受信側から「Window値＝02AB」が送られてきた。この値にはどんな意味があるか。

問題6 次の《パケット》ついて，░░░の部分はTCPヘッダである。次の設問に答えなさい。

《パケット》

```
0000  00 08 0D 0F BD 13 00 90 - FE 87 70 4B 08 00 45 00
0010  00 28 D9 25 40 00 38 06 - 94 5D CF 2E 44 0B C0 A8
0020  01 6B 00 50 05 3F 79 3C - 59 A5 32 2B C7 34 50 10
0030  42 73 C6 43 00 00 00 00 - D5 2B C3 CB
```

（1）次の表にTCPヘッダを16進数で記入しなさい。ただし，予約済み，およびフラグの項目は，2進数表示で記入しなさい。

1	8	16	24	32
送信元ポート番号		あて先ポート番号		
シーケンス番号				
確認応答番号				
Data Offset	予約	フラグ	ウィンドウ	
チェックサム		緊急ポインタ		
オプション（Options）			パディング（Padding）	

（2）上のTCPヘッダ表を見て，次の問に答えなさい。

① 送信元ポート番号（10進数表示）：＿＿＿＿，プロトコル名：＿＿＿＿

② あて先ポート番号（10進数表示）：＿＿＿＿＿

③ シーケンス番号（16進数表示）：＿＿＿＿＿＿＿＿

④ 確認応答番号（16進数表示）：＿＿＿＿＿＿＿＿

⑤ データ・オフセット（10進数表示）：＿＿＿，バイトに変換すると：＿＿＿バイト

⑥　フラグ：【URG】___【ACK】___【PSH】___【RST】___【SYN】___【FIN】___

⑦　ウィンドウ（16進数表示）：_____バイト

⑧　チェックサム（16進数表示）：_____

問題 7　《パケット 3》，《パケット 4》の ▨▨▨▨ の部分は UDP ヘッダである。設問に答えなさい。

《パケット 3》

```
0000  00 90 FE 87 70 4B 00 08 - 0D 0F BD 13 08 00 45 00
0010  00 3F 13 F5 00 00 80 11 - 39 42 C0 A8 01 6B DA DB
0020  50 88 05 3B 00 35 00 2B - 37 98 25 35 01 00 00 01
0030  00 00 00 00 00 00 03 77 - 77 77 09 6D 69 63 72 6F
0040  73 6F 66 74 03 63 6F 6D   00 00 01 00 01
```

《パケット 4》

```
0000  00 08 0D 0F BD 13 00 90 - FE 87 70 4B 08 00 45 00
0010  01 6E A2 5D 40 00 F9 11 - F0 A9 DA DB 50 88 C0 A8
0020  01 6B 00 35 05 3B 01 5A - B0 1C 25 35 81 80 00 01
0030  00 09 00 04 00 04 03 77 - 77 77 09 6D 69 63 72 6F
                          ・
                          ・
                          ・
0160  00 01 00 01 52 87 00 04 - D8 CE B3 06 C0 FB 00 01
0170  00 01 00 01 8C 81 00 04 - D2 76 ED 45
```

（1）《パケット 3》および，《パケット 4》を UDP ヘッダ表に記入しなさい。

（2）《パケット3》について次の問に答えなさい。

　　① 送信先のポート番号（10進数表示）：_____

　　② ポート番号から送信先のサーバー名：_____

　　③ 送信元のポート番号（10進数表示）：_____

　　④ データ長（10進数表示）：_____

　　⑤ ヘッダに記録されたデータ長と実際のデータ数を比較しなさい。

（3）《パケット4》について次の問に答えなさい。

　　① 送信元のポート番号（10進数表示）：_____

　　② UDPパケットはどこから送信されてきたか：_____

　　③ ヘッダに記録されたデータ長と実際のデータ数を比較しなさい。

―――――――――――――――― 解　答 ――――――――――――――――

問題2

　　　②

問題3

（1）理論的に 0 〜 65535
（2）0 〜 1023
（3）IANA
（4）80

問題4

（1）ランダムな値
（2）100 + 1 = 101
（3）200 + 500 = 700

問題 6

(1)

1	8	16	24	32
\multicolumn{2}{c|}{00 50}		\multicolumn{2}{c|}{05 3F}	

1		8		16		24		32
00 50				05 3F				
79 3C 59 A5								
32 2B C7 34								
5	000000	010000		42 73				
C6 43				00 00				
オプション（Options）						パディング（Padding）		

(2)
① 送信元ポート番号（10進数表示）：<u>80</u>，プロトコル名：<u>HTTP</u>（表6.1参照）
② あて先ポート番号（10進数表示）：<u>1343</u>
③ シーケンス番号（16進数表示）：<u>79 3C 59 A5</u>
④ 確認応答番号（16進数表示）：<u>32 2B C7 34</u>
⑤ データ・オフセット（10進数表示）：<u>5</u>，バイトに変換すると：<u>20</u> バイト
⑥ フラグ：【URG】<u>0</u>【ACK】<u>1</u>【PSH】<u>0</u>【RST】<u>0</u>【SYN】<u>0</u>【FIN】<u>0</u>
⑦ ウィンドウ（16進数表示）：<u>42 73</u> バイト
⑧ チェックサム（16進数表示）：<u>C6 43</u>

問題 7

(1)

《パケット3》

1	16	32
05 3B	00 35	
00 2B	37 98	
UDP データ		

《パケット4》

1	16	32
00 35	05 3B	
01 5A	B0 1C	
UDP データ		

(2)
① 送信先のポート番号（10進数表示）：<u>53</u>
② ポート番号から送信先のサーバー名：<u>DNS サーバー</u>（表6.1参照）
③ 送信元のポート番号（10進数表示）：<u>1339</u>
④ データ長（10進数表示）：<u>43</u>

⑤ 002B = 43 バイトがヘッダに記録されている。実際にデータを数えてみると 43 バイトである。

(3)
① 送信元のポート番号（10進数表示）：53
② UDP パケットはどこから送信されてきたか：DNS サーバー
③ 015A = 346 バイトがヘッダに記録されている。実際にデータを数えてみると 346 バイトである。

第7章
TCP/UDP によるデータ伝送

> **学習のポイント**
>
> TCP はコネクション型のプロトコルであり，高い信頼性のデータ伝送を実現する。その代わりに効率性は低下する。一方，UDP はコネクションレス型のプロトコルであり，信頼性は低いが，効率性は高い。これらの特性を生かして，アプリケーションはいずれかのプロトコルで，データ伝送を行う。本章では，これらのプロトコルがどのような方法で，データを送受信するか見てみる。
>
> ☆ TCP コネクション
> ☆ TCP プロトコルによるデータ伝送と制御
> ☆ UDP プロトコルによるデータ伝送
> ☆ UDP プロトコルの特性・利用
>
> | |
> |---|
> | アプリケーション層 |
> | プレゼンテーション層 |
> | セッション層 |
> | **トランスポート層** |
> | ネットワーク層 |
> | データリンク層 |
> | 物理層 |

7.1 TCP コネクションの確立

　TCP では，送受信のアプリケーション間で，データのやりとりをするために，仮想的な橋を架ける。この仮想的な橋を架けることをコネクションの確立という。コネクションの確立は 3 ウェイ・ハンドシェイク（three-way handshake）と呼ばれ，3 つの動作で行われる。

（1）コネクションの確立
　図 7.1 を用いてクライアントからサーバーにコネクションを確立するプロセスを見てみよう。
（a）第 1　TCP パケット
　送信元のクライアントは TCP ヘッダの SYN＝1 に設定して，コネクションの確立要求を送信する。その他，この TCP ヘッダには，シーケンス番号の初期値，ウィンドウ・サイズと MSS がセットされる。図 7.1 ではシーケンス番号 X＝100 が初期値としてセットされ，ウィンドウ・サイズと MSS を相手に知らせる。

(b) 第2 TCP パケット

SYN = 1 を受け取ったサーバーは準備ができていれば，TCP ヘッダの ACK = 1 と同時に確認応答番号 X + 1 = 101（= 100 + 1），MSS，ウィンドウ・サイズをクライアントに返して，送信を許可する。同じ TCP ヘッダでサーバーからもホストに接続許可の要求 SYN = 1 と，シーケンス番号 Y = 500 を送る。このシーケンス番号 Y = 500 はホストからのものとはまったく独立にランダム値に初期設定されている。これによって，図 7.2 のように上り方向の論理的コネクションが開通したことになる。

(c) 第3 TCP パケット

クライアント側も準備ができていれば，サーバーに ACK = 1 と，同時に確認応答番号 Y + 1 = 501（= 500 + 1），MSS，ウィンドウ・サイズを返して，接続を許可する。これで，図 7.2 のように下りの論理的なコネクションが開通したことになる。コネクションの確立状態を Established という。

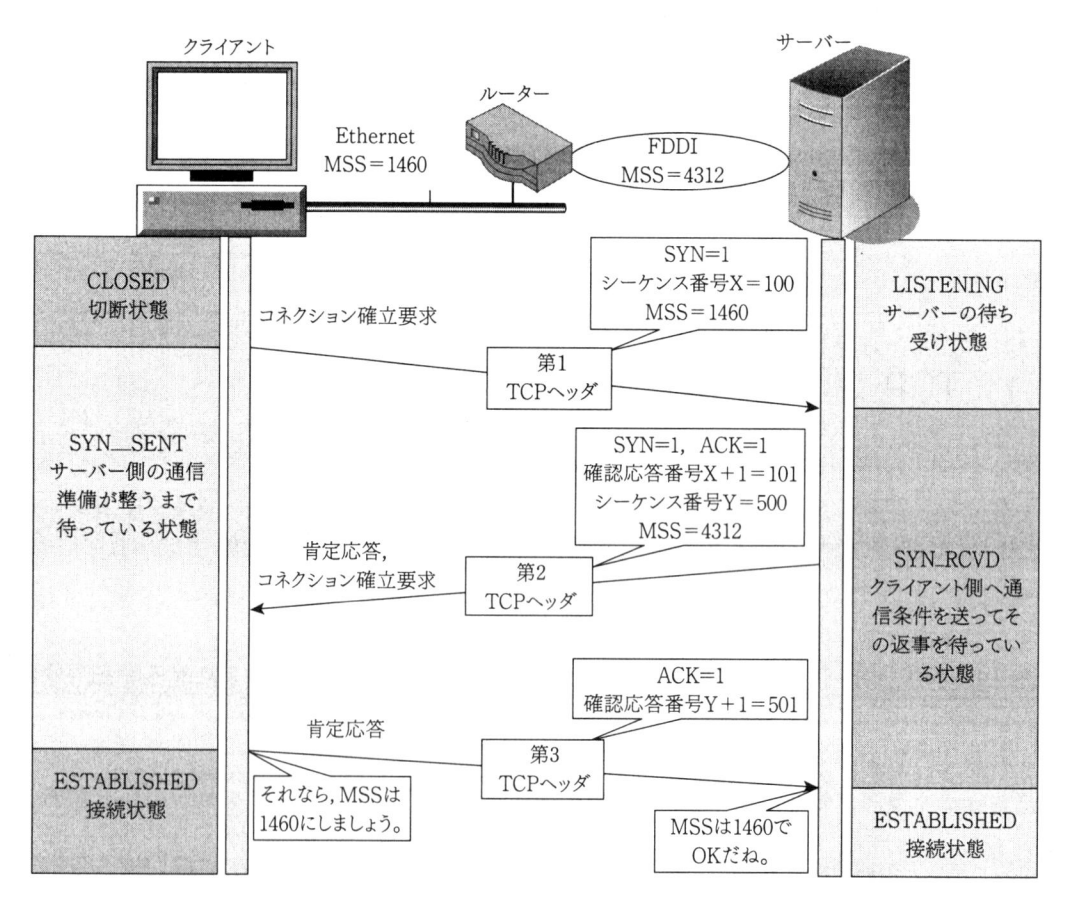

図 7.1　コネクションの確立

シーケンス番号は，ホストからサーバーへ向かう上りのTCPパケットで使われるものと，サーバーからクライアントへ向かう下りのTCPパケットで使われる2種類がある。これらは互いに独立である。上り，下りで論理的な2つのコネクションが確立され，シーケンス番号はそれぞれ独立にランダムな初期値が設定される（図7.2参照）。

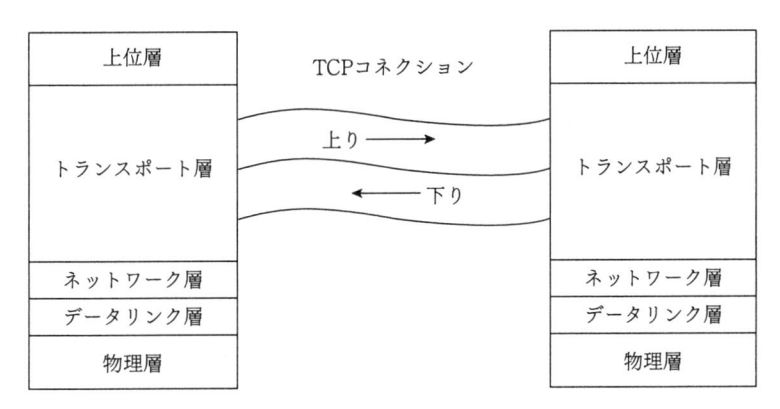

図7.2　論理的な「上り」，「下り」の2つのコネクション

（2）コネクション確立時のMSS

TCPでは，コネクション確立時にMSSを決定する。まず，送信元のクライアントが送り出せる最大データ・サイズを調べる。

TCPはEthernetに問い合わせ，EthernetのMTUは1500バイトであることがわかる。MSSとMTUの関係を図7.3に示す。Ethernetの場合，

MSS = 1500 − 20（IPヘッダ長）− 20（TCPヘッダ長）= 1460バイト

となる。これで，自分の送り出せるMSSがわかった。

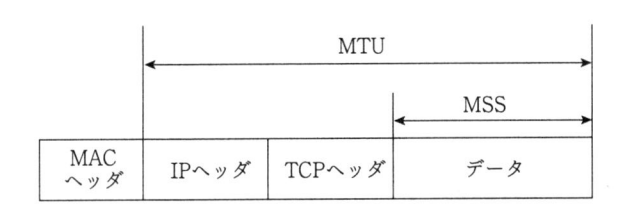

図7.3　MSSとMTUの関係

次に，受け取り側のサーバーであるが，図7.1ではFDDI[1]のLANであるので，MSS = 4312（MTU = 4352）である。そこで，コネクション確立時に通信相手とMSSの交換を行い，小さい方のMSSを採用することになる。

では，図7.1を参考にコネクション時のMSS決定のプロセスを見てみよう。

---

[1] ANSIのX3T9.5で規格化された通信規格，光ファイバを使用した100MbpsのLANである。

（a）第1 TCPパケット

送信元のクライアントから,「コネクション確立要求」を送信する際にTCPヘッダのオプションに「送信元クライアントのMSSは1460バイト」であるという情報を図7.4のように送る。TCPヘッダのオプションでは,MSSの指定は,タイプ＝2,長さ＝4[(2)]の後にMSSの大きさが入る。

（b）第2 TCPパケット

同様に,TCPヘッダのオプションに「サーバーのMSSは4312バイトである」ことを送信元のクライアントに返す。

（c）第3 TCPパケット

送信元のクライアントは,クライアントとサーバーの2つのMSSの内,小さい方の値が採用され,1460バイトとなる。

1	16 17	32
送信元ポート番号 Source Port		あて先ポート番号 Destination Port
シーケンス番号 Sequence Number		
確認応答番号 Acknowledgment Number		
Data Offset (4 bit) / 予約 Reserved (6 bit) / URG ACK PSH RST SYN FIN		ウィンドウ Window
チェックサム Checksum		緊急ポインタ Urgent Pointer
タイプ（1バイト） 2	長さ（1バイト） 4	MSS（2バイト） 05B4

図7.4 TCPヘッダのMSS

7.2 コネクションの終了

通信が終了したら,TCPコネクションを切断する。どちらから切断を申し出てもよいが,コネクションの確立時とは異なり,片方が終了しようとして,もう片方にまだ送らなければならないデータが残っているかもしれない。そのために双方が別々に行うことになる。

切断手順はCLOSED（切断状態）になるまで,図7.5のように4つのパケットを交換する。

（2）MSSの属性として,タイプ＝2,長さ＝4はRFC793に記載されている。

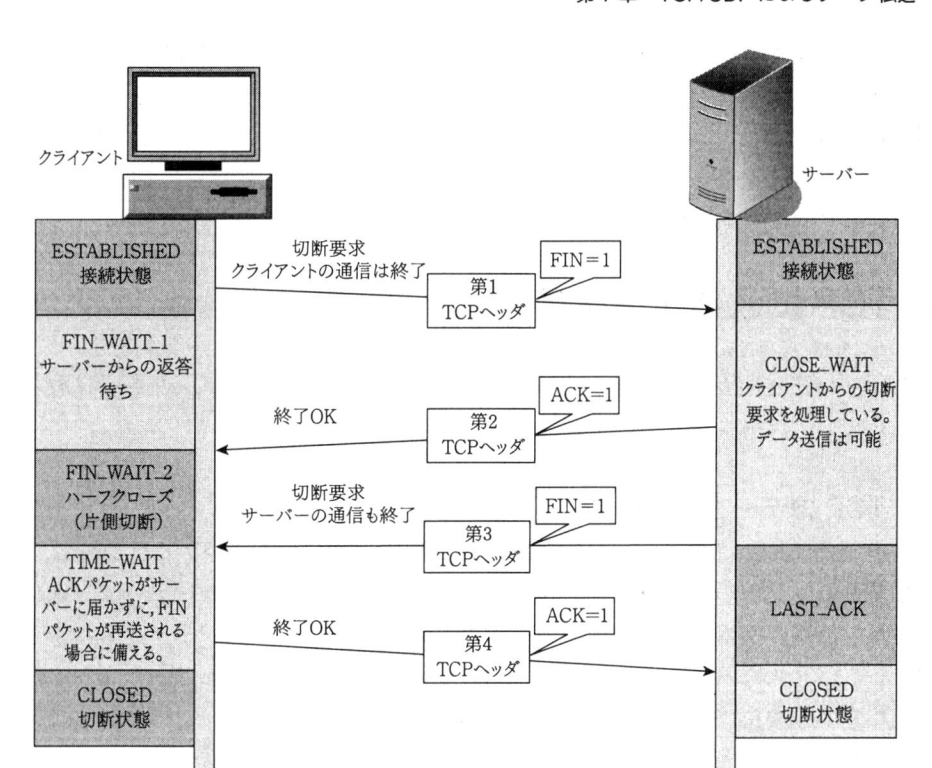

図7.5 TCP コネクションの終了

（a）第1 TCP パケット
　クライアントでは，データ送信が終了したので切断要求 FIN ＝ 1 をサーバーに送信する。FIN ＝ 1 は「もう送るデータがない」という意味である。

（b）第2 TCP パケット
　FIN ＝ 1 を受け取ったサーバーは ACK ＝ 1 を返して，上りのコネクションは解放され，片側切断の状態になる。まだ送信データがサーバーに残っていれば，この状態では下りの通信路でクライアントに送信することができる。この状態をハーフクローズという。

（c）第3 TCP パケット
　サーバー側でもデータ送信が終了していれば，サーバーからクライアントに FIN ＝ 1 を送信する。

（d）第4 TCP パケット
　サーバーはクライアントから，FIN ＝ 1 が届いたことを示す ACK ＝ 1 を受け取り，下りの通信路も解放される。これで完全にコネクションは解放された。

　上の図7.5の左右の状態について，見てみよう。

クライアント側では，サーバーから FIN ＝ 1 を受け取ると TIME_WAIT の状態になる。この状態はサーバーから送られた FIN ＝ 1 の応答としての ACK ＝ 1 がサーバーに届かない場合に備える状態である。ACK ＝ 1 がサーバーへ届かないと再度サーバーは FIN ＝ 1 を送ってくる。その時点でクライアントが CLOSE になっていると，サーバーは CLOSE_WAIT のまま正しくコネクションを切断できない。

7.3 TCP によるデータ伝送

コネクション確立により通信路が確保されると，お互いに相手のデータを受け取る準備ができる。そして，データのやり取りが始まる。

7.3.1 TCP のデータ伝送の基本

データを確実に届けるために，TCP には受信確認という手続きがある。送られたパケットに対して受信側が 1 つずつ確認応答を返すことになっている。これによって，どのパケットまで届いたかがわかる。どのパケットまで届いたかを示すのが，シーケンス番号と確認応答番号である。互いにパケットを送るごとに，これらの番号を増やしてパケットの抜けや，順序の入れ違いを検出できるような仕組みである。

図 7.6 では，まずシーケンス番号＝ 1000 で 500 バイトのデータを送信する。これを受信し

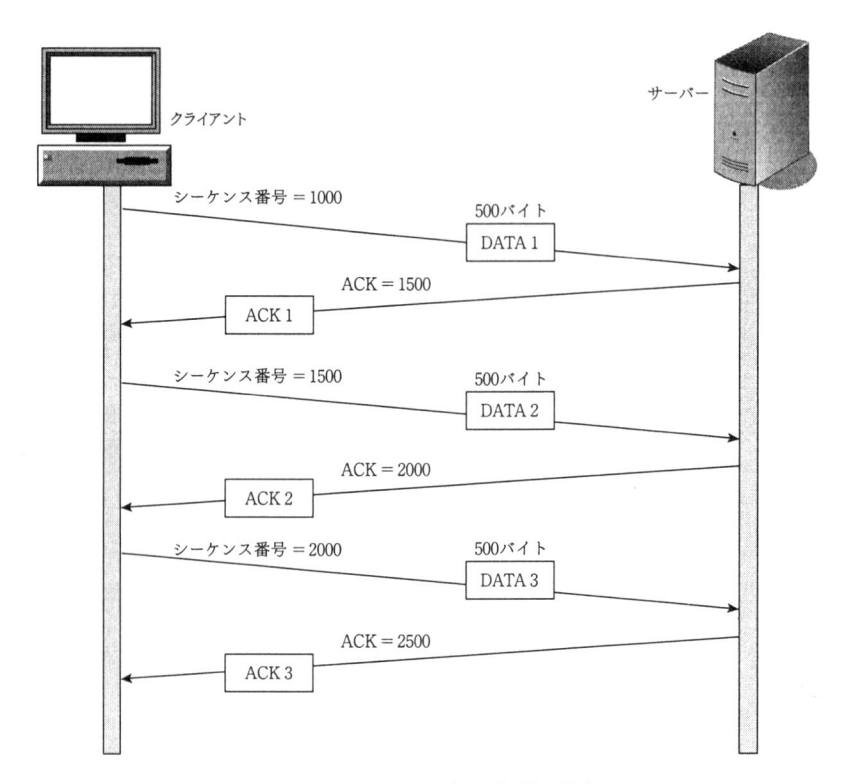

図 7.6　TCP によるデータ伝送の基本

たサーバーでは，ACK 1 のパケットで確認応答番号 ACK = 1500 をクライアントに返送する。すなわち，確認応答番号 ACK は，受け取ったシーケンス番号をそのまま返すのではなく，受け取ったデータ量も伝える役目をもっている。具体的には，

$$ACK = 1000 + 500$$

となる。言い換えれば，ACK パケットの確認応答番号は「このシーケンス番号までのデータはすべて受け取った」ということを送信側に知らせる役目を担っている。

クライアントは ACK = 1500 を受け取ると，クライアントが次に送信するデータの「はじめの位置」と一致するはずである。一致すれば正常にデータ伝送ができたことになる。これを繰り返すことによって，TCP による信頼性のあるデータ伝送が実現される。

7.3.2 再送制御

データ伝送で，エラーが起こった場合はどうなるのだろうか。パケットが紛失したとき，受信側のサーバーでは検知できない。そこで，一定時間たっても確認応答番号が帰ってこないと，送信元のクライアントは何らかのトラブルが発生したと判断して，データを再送する。この方法を再送タイムアウトという。

図 7.7 では，DATA2 のパケットがサーバーに届かなかった場合である。クライアントで

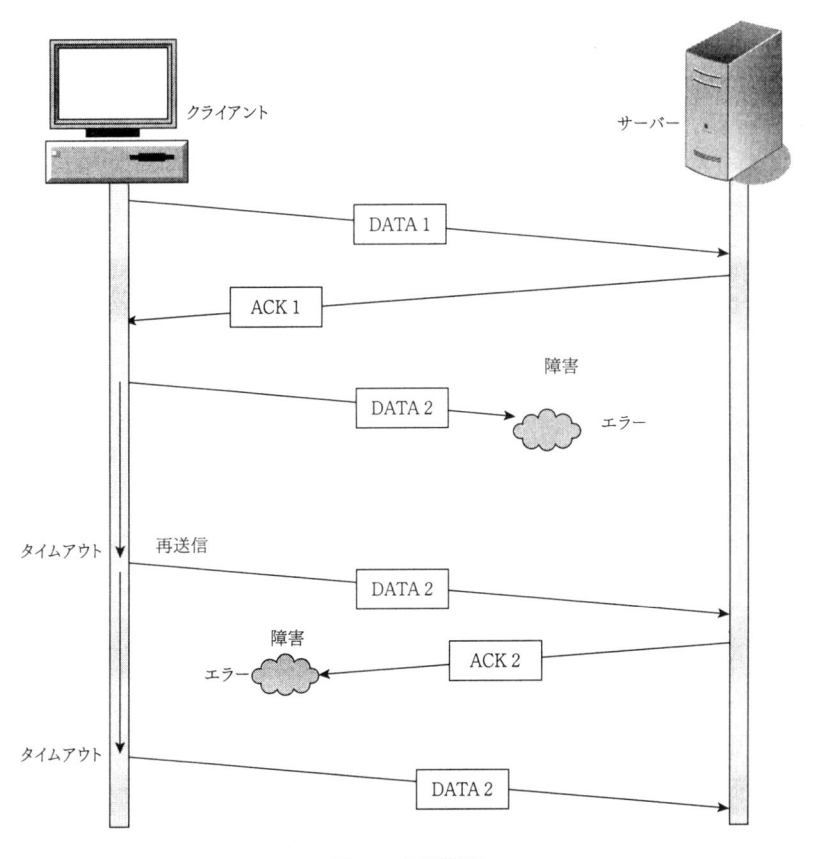

図 7.7 再送制御

は，一定時間待ってDATA2を再送する。再送を行うまでの時間を決めるのが再送タイマーである。このタイマーによる再送までの時間をRTO（Retransmission Time Out）という。エラーの原因としては，回線障害やチェックサムエラーなどがある。

データ送信のエラーだけでなくDATA2が正常にサーバーに届いたが，ACK2パケットが途中の障害により，クライアントに届かない場合がある。この場合もパケット送信が終了して，RTOの一定時間経過した後，再度DATA2を送信する。DATA2は2度受信することになるが，シーケンス番号によりDATA2を2度受信したことを認識し，その1つを破棄する。

パケットが相手との往復に要する時間をラウンドトリップ時間RTT（Round Trip Time）という。RTOはラウンドトリップ時間から推定される。再送の繰り返し回数が多いと，RTOは倍々に増やして最高64秒までになる。パケットの往復に時間がかかり過ぎる場合は回線のふくそう（輻輳）や回線異常などが考えられる。

7.3.3 連続伝送

TCPの基本的なデータ伝送は，「データを受け取ったら確認応答を返して，信頼性を確保する」ことである。しかし，1つのパケットに対して確認応答を待っていたのでは，伝送効率が上がらない。

そこで，送信側のクライアントが確認応答を待たずにパケットをどんどん送り，受信側のサーバーはいくつかの確認応答をまとめて後で送る，高速連続伝送が考え出された。このように，受け取ったパケットの数だけ，すべての確認応答を返送しないで，ひとまとめにして返送する方法である。まとめて確認応答を返送する方法をディレイACK法という。

ディレイACKを用いると，最初のパケットを受け取ったあと，一定時間経過してからACKパケットが送信される。ACKパケットの送信を遅らせれば，その間にいくつかのパケットが届く。そして最後に到着したパケットに対してだけ，ACK法パケットをクライアントに返送する。

図7.8では，一定時間に連続的にD1〜D4のパケットを送信する。その後，D4に対するACKパケットをクライアントに返送する。これで，D4までのパケットは正常に届いたことになる。

次にD5〜D8のパケットを送信する。受信側のサーバーでは，D8を受信した段階で，シーケンス番号を見てD7のパケットが到着していないことに気づく。そこで，サーバーはACK6パケットを3個連続的にクライアントに送る。これは，D6までのパケットは受信したという意味である。ACK6パケットをクライアントに送っている間でも，クライアントはD9，D10のパケットを送り続ける。そこで，クライアントはACK6パケットを3個受信した後に，再度D7から送信を行う。この処理はエラーが生じた場合の回復プロセスで，高速再伝送と呼ばれる。

サーバー側では次々に連続してパケットが到着するために，受け取る側にその準備ができていなければ意味がない。サーバーがパケットを処理する時間よりも速くクライアントがパケットを送り続けると，サーバーのバッファがあふれ，パケットを受信できなくなる。すると，確認応答を返さないことになり，再送が発生する。結果的に無駄が増えることになり，

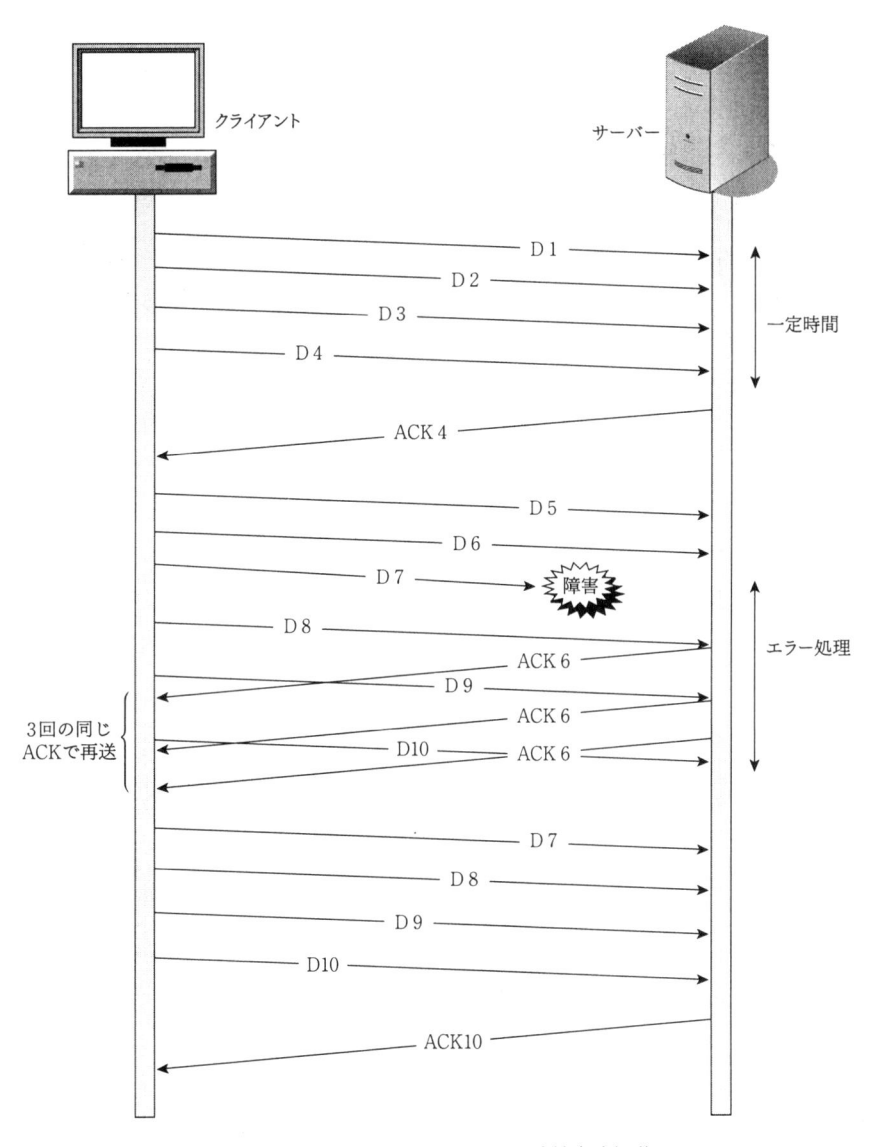

図7.8 ディレイACK法による連続高速伝送

後に述べるフロー制御，ふくそう（輻輳）制御が必要となる。

7.3.4 フロー制御

連続してパケットがサーバーに送信されると，サーバーのバッファはあふれてしまうかもしれない。バッファのオーバーフローを避けるために，受信側のサーバーは，一度にまとめて送れるデータ量をクライアントに知らせる。この調節に使われるのがTCPヘッダのウィンドウの項目である。この項目にはウィンドウ・サイズが設定される。ウィンドウ・サイズとは，受信側が一度に受信できるバッファの大きさで，図7.9ではバッファの余裕のことで

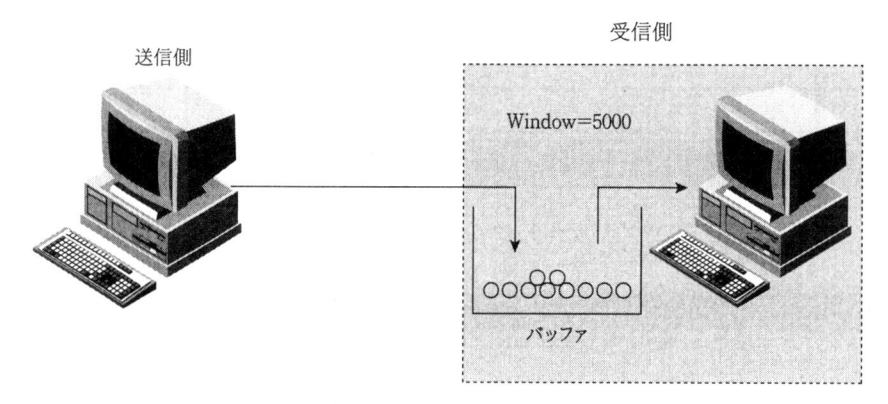

図 7.9 ウィンドウ・サイズ

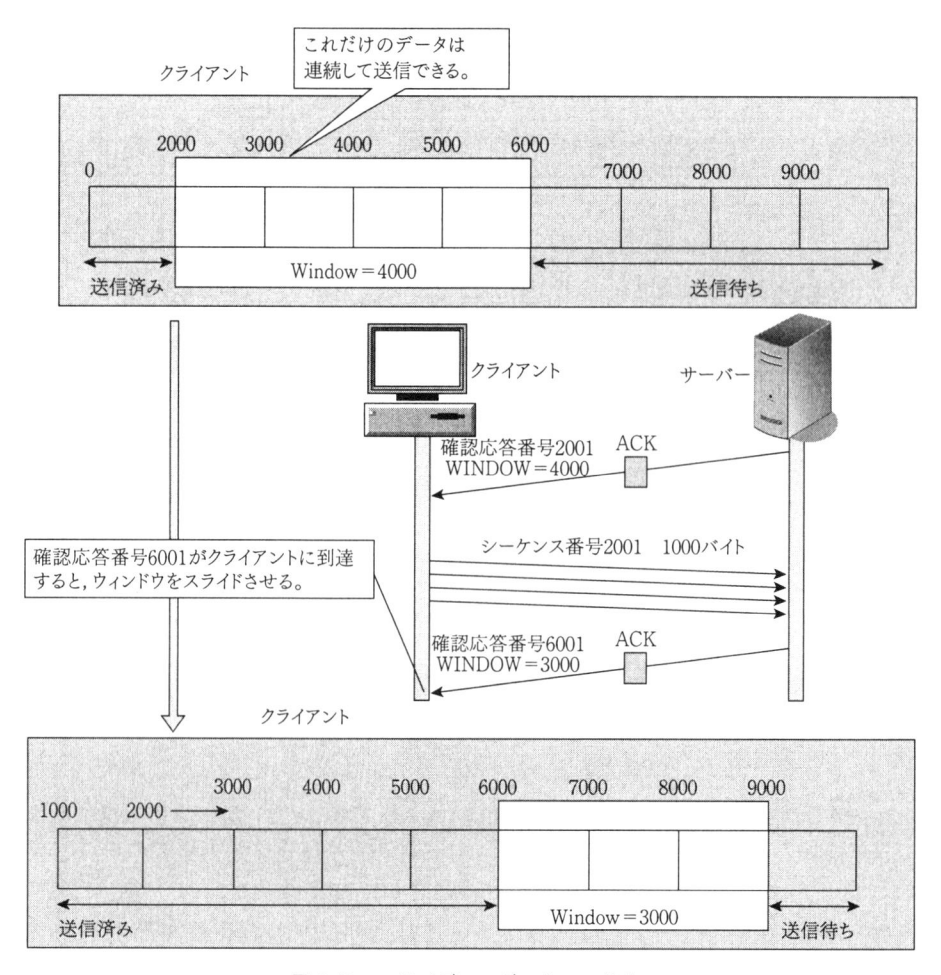

図 7.10 スライディング・ウィンドウ
(『マスタリング TCP/IP 入門編』(第 2 版), オーム社, p.185 を参考に作成)

ある。
　サーバーはACKパケットのウィンドウで，現在のバッファの空き状況をクライアントに通知する。クライアントは受信側のウィンドウに従って送信量をコントロールする。これによって，受信側のバッファがあふれることなく通信を続けることができる。この機能のことをフロー制御と呼ぶ。
　図7.10を用いて，フロー制御の様子を見てみよう。
　はじめに，サーバーからクライアントに送られてきたACKパケットのウィンドウ・サイズは4000，確認応答番号2001である。そこでクライアント側ではデータ領域のシーケンス番号2001の位置から4000バイトの窓を開ける。クライアントはこの窓の中のデータを連続的に送信しても，サーバーのバッファはあふれ出すことはない。この窓がウィンドウの由来である。
　クライアントはまずシーケンス番号2001で，1000バイトのデータ・パケットを4個連続的にサーバーに送信する。サーバーが4個のパケットを受け取ると，サーバーはACKパケット（確認応答番号6001，ウィンドウ3000）をクライアントに送る。
　クライアント側では，ACKパケットを受け取るとシーケンス番号6001の位置にウィンドウをスライドする。そして，ウィンドウの大きさは3000に設定しなおす。このように，窓を徐々にずらしていく。この窓の範囲のデータを連続してサーバーに送信してもバッファはあふれ出すことはない。
　ウィンドウ・サイズの窓をずらしていく方法をスライディング・ウィンドウ（Sliding Window）という。サーバー側のバッファがいっぱいのときは，ウィンドウ・サイズを「0」にして，ACKパケットをクライアントに送ると，窓が「0」で，一時的にデータの送信を止めることができる。このように，フロー制御の目的は，受信側のバッファがオーバーフローしないようにウィンドウの値でコントロールすることである。

7.3.5　ふくそう制御

　ネットワークの交通渋滞を「ふくそう」（輻輳）という。ネットワークの「ふくそう」を無視して，いきなり大量のデータを送信すると，途中のルーターなどの中継機器の処理が追いつかず，パケットは途中で破棄されてしまう。すると，パケットの再送が起こり，ネットワークはさらに「ふくそう」してしまう。
　フロー制御では，受信側のサーバーから送られたウィンドウ・サイズをもとに，いきなり最大限のデータを送ることになる。これを避けるために，TCPではフロー制御を始める前に「ふくそう制御」と呼ばれる仕組みを使う。「ふくそう制御」は次の2つのアルゴリズムによって行われる。

- スロースタートアルゴリズム
- ふくそう回避アルゴリズム

　図7.11を用いて「ふくそう制御」のプロセスを見てみよう。

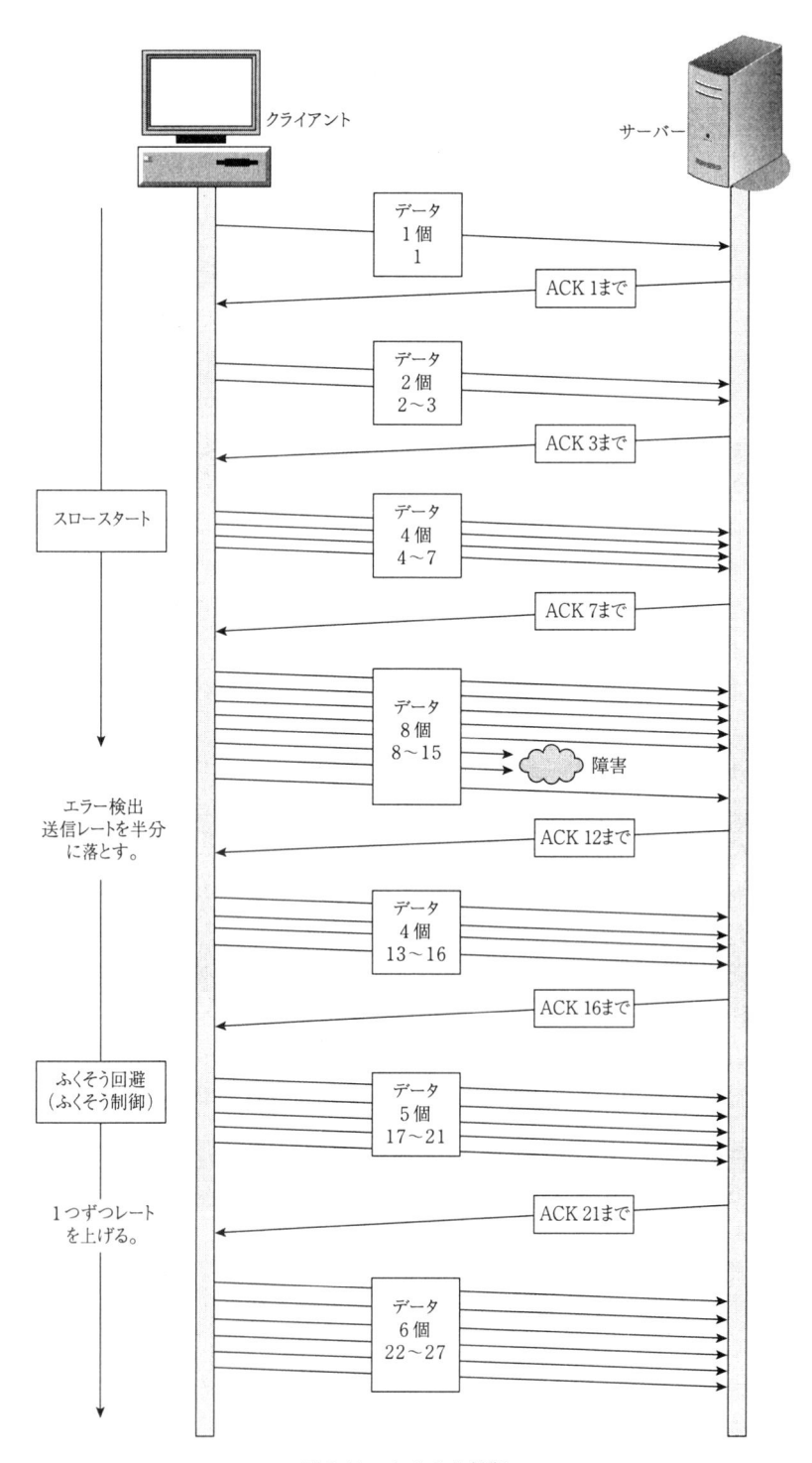

図 7.11 ふくそう制御
(「日経 NETWORK」 2005.12, 日経 BP 社, p.139 を参考に作成)

（1）スロースタート

コネクションを確立して，データ通信を始める時点では「ふくそう」を知る手段はない。そこで，データ伝送を開始する際に受信側から通知されたウィンドウ・サイズでデータを送り始めるのではなく，はじめはウィンドウ・サイズをとりあえず1個分にして送信を始める。1度目が成功したら次にウィンドウ・サイズを倍にして送信する。さらに送信が成功する度にウィンドウ・サイズを倍にして，最後に受信側から通知されたウィンドウ・サイズにまで送信量を増やす。このプロセスは，はじめゆっくりで，倍々で送信量を増やしていくことから，スロースタートと呼ばれる。

図7.11ではデータ量を倍々に増やして12個目にエラーが発生したので，ここまでがスロースタートの範囲である。その後「ふくそう回避」のプロセスに入る。

（2）ふくそう回避

パケットの損失を検知すると，ネットワークが「ふくそう」していると判断して，送信レートを半分に落とす。図7.11では，8個から4個に落とした。そして，また確認応答パケットが届くたび1個ずつ徐々に送信レートを上げていく。これをふくそう回避，または高速リカバリという。このように1個ずつ増やしていけば，パケットの損失を最小限に抑え，最適な送信レートを見つけることができる。

7.4　UDPによるデータ伝送

UDPはコネクションレスのプロトコルである。TCPのようにコネクションを確立したり，シーケンス番号で順番を制御したり，混雑した回線をコントロールする「ふくそう制御」のような機能を一切持たない。UDPが制御機能を持たないので，パケットが紛失しても，入れ替わってしまっても何ら手を加えることはない。

7.4.1　UDPは軽さが特徴

図7.12に見られるように，UDPはコネクションレスの通信である。UDPヘッダのフィールドは4つしかない。そのうち2つは送信元ポート番号とあて先ポート番号である。したがって，UDPはポート間をコネクションレスで通信するプロトコルで，信頼性のないコネクションレス通信である。唯一，UDPヘッダのチェックサムによってヘッダとデータが崩れていないか検査できる。しかしこれはオプションで，省略可能である。このように，信頼性に関してはTCPとの大きな違いがある。

しかし信頼性を省いたUDPをわざわざ使うアプリケーションがあるのはなぜか。その答えはUDPの「軽さ」にある。

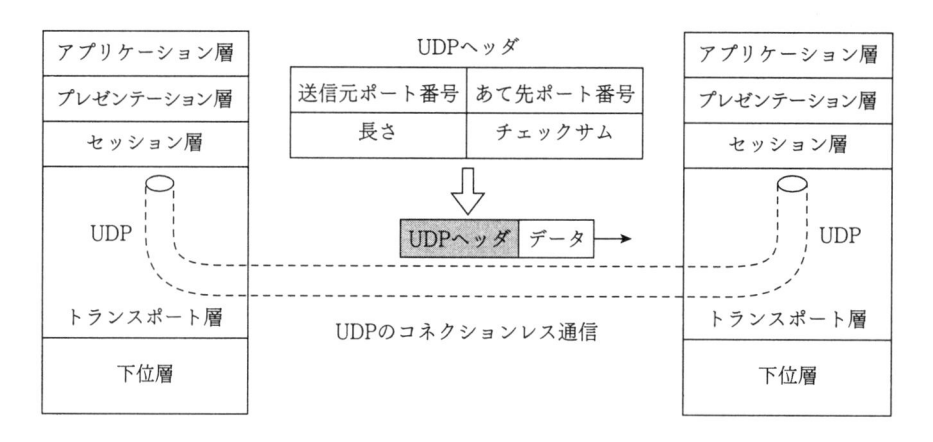

図7.12　UDP のコネクションレス通信

7.4.2　信頼性はどのように確保するか

TCP では，「ポート間通信＋信頼性確保」という2つの機能をもつが，UDP では「ポート間通信」のみである。信頼性確保という機能を除く代わりに「軽さ」を重視したプロトコルである。では，UDP 通信の信頼性はどのように確保されるであろうか。これは，図7.13 に示すように，必要に応じてアプリケーションに信頼性確保の機能を持たせることにより，実用に耐えるものにする。

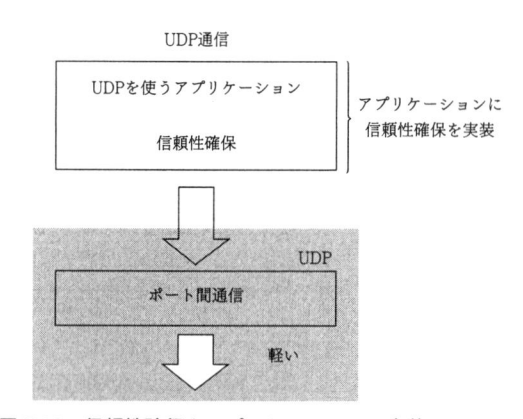

図7.13　信頼性確保をアプリケーションに実装

7.4.3　UDP を使うアプリケーション

アプリケーションは，UDP の「軽さ」を生かして次のような通信で使われる。
（1）　パケットが小さい通信
（2）　応答のタイミングが重視される通信
（3）　リアルタイム性が必要な通信
（4）　1対多数の同報通信

代表的な UDP を使うアプリケーションを次に示す（図7.14 参照）。

①〜④のアプリケーションは TCP でも通信できるが，UDP の特性を生かして活用するものと，TCP では利用できないので UDP を使うものがある。

① DNS（Domain Name System）：名前解決
② SNMP（Simple Network Management Protocol）：ネットワーク機器を監視・管理
③ NTP（Network Time Protocol）：ホストの自動時刻調整
④ RTP（Real time Transport Protocol）：映像や音声を送るストリーミング系プロトコル
⑤ RIP（Routing Information Protocol）：ルーター間の経路情報の交換プロトコル
⑥ DHCP（Dynamic Host Configuration Protocol）：IP アドレスなどの設定情報を自動割り当てるプロトコル

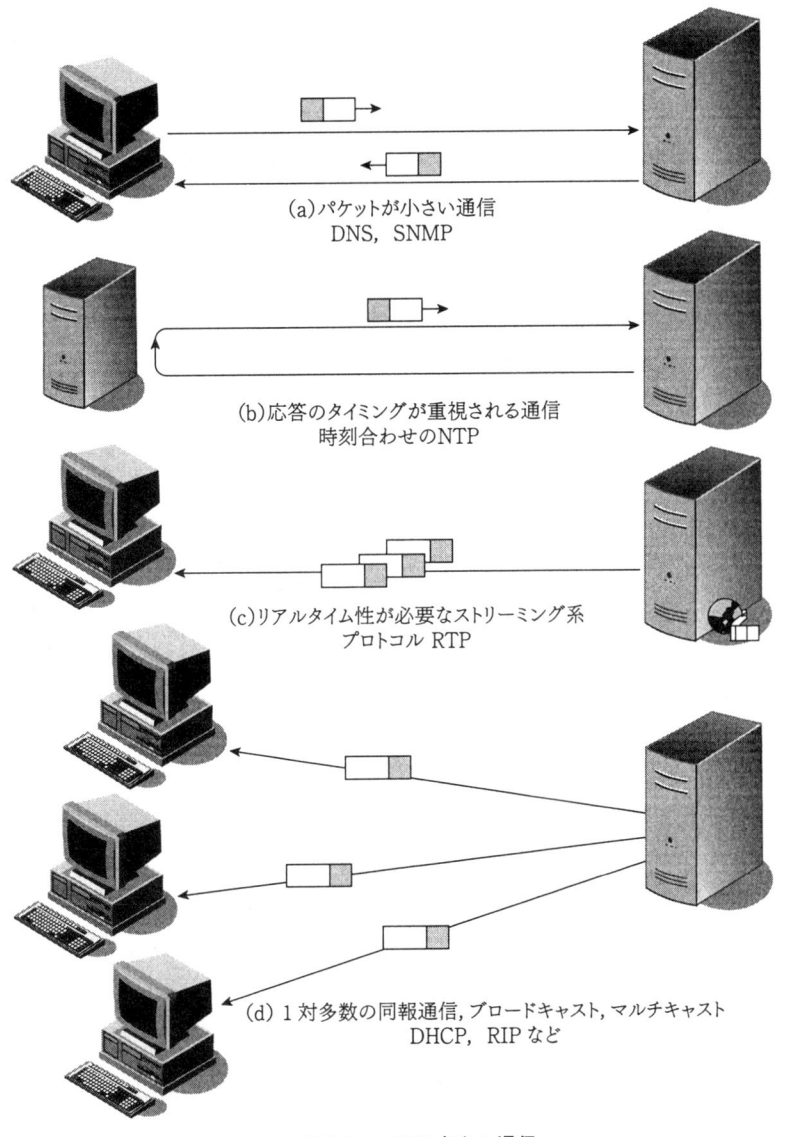

図 7.14　UDP 向きの通信

（1）パケットが小さい通信

一回でやりとりする情報量が小さいDNSとSNMPのアプリケーションはUDP向きである。これらのプロトコルは最大長が512バイトで，単発的なやりとりである。TCPを使うと，オーバーヘッドが大きくなり過ぎる。

（2）応答のタイミングが重視される通信

時刻合わせをするNTPは，計測を正確に素早い応答が求められる。このようなリアルタイム性が求められるプロトコルには，UDPでなければならない

（3）リアルタイム性が必要な通信，1対多数の同報通信

映像や音楽配信のストリーミングデータは受信側にとって，リアルタイム性が求められる。このリアルタイム性を実現するのがRTPで，UDPが使われる。これは映像コンテンツなどのデータは一部のパケットが抜けたままでも，データを連続させたほうがよいためである。サーバーが映像コンテンツを配信する場合，1対多数を対象とすることが多い。TCPでは1対多数は対応できない。
　⑤，⑥では1対多数通信であるので，コネクション型のTCPではサービスを提供できない。

RIPやDHCPは1対多数の通信を前提にしているアプリケーションである。TCP通信ではコンピュータがお互いの状態を共有する必要があるので，1対多数の通信では使用できない。コネクションによる制約に縛られないUDPが使われる。

【練習問題】

問題1 TCPのデータ伝送は1個のパケットを送信して受信側が，それに対する確認応答（ACK）を返すのが基本である。送信データのパケット，確認応答のパケットがそれぞれ紛失した場合，この障害に対して再送制御では，どのように対処するか，説明しなさい。

問題2 ディレイACK法による高速連続伝送について，チャートを用いて説明しなさい。

問題3 TCPプロトコルによるデータ伝送について，次の問題に答えなさい。

（1）コネクションが確立した状態を何というか。＿＿＿＿＿＿＿＿＿＿

（2）クライアントのデータ伝送が終了したので，FIN＝1をサーバーに送った。サーバーからは，ACK＝1が返送されてきた。このとき，クライアント側の状態を何というか。＿＿＿＿＿＿＿＿＿＿

（3）（2）の状態で，使用できる通信路に○，使用できない通信路には×を付けなさい。上りの通信路：＿＿＿＿，　下りの通信路：＿＿＿＿

（4）（2）の後に，サーバーではデータ伝送が終了したのでFIN＝1をクライアントに送った。これを受信したクライアントはTIME_WAIT状態になった。これは何を待っている状態か。＿＿＿＿＿＿＿＿＿＿＿＿＿＿＿＿

問題 4 TCPプロトコルにおける制御について，次の問題に答えなさい。
（1）フロー制御の目的を述べなさい。
（2）スライディング・ウィンドウについて，図を用いて説明しなさい。
（3）ふくそう制御の目的を述べなさい。
（4）「スロースタート」，「ふくそう回避」のアルゴリズムについて，チャートを用いて説明しなさい。

問題 5 UDPについて，次の問題に答えなさい。
（1）UDPの特徴を述べなさい。
（2）信頼性をどのようにして確保するか。
（3）どのような通信に使われるか。

問題 6 《パケット5》《パケット6》《パケット7》は，クライアントがサーバーにコネクションを確立する3ウェイ・ハンドシェイクである。問題に従って解答しなさい。ただし，▊▊▊ の部分がTCPヘッダである。

《パケット5》

```
0000  00 90 FE 87 70 4B 00 08 - 0D 0F BD 13 08 00 45 00
0010  00 30 13 FD 40 00 80 06 - B8 EC C0 A8 01 6B CF 2E
0020  9C 9C 05 3D 00 50 32 28 - 1D 5A 00 00 00 00 70 02
0030  FF FF 00 32 00 00 02 04 - 05 B4 01 01 04 02
```

《パケット6》

```
0000  00 08 0D 0F BD 13 00 90 - FE 87 70 4B 08 00 45 00
0010  00 30 13 3A 00 00 72 06 - 07 B0 CF 2E 9C 9C C0 A8
0020  01 6B 00 50 05 3D 5B 73 - D6 3F 32 28 1D 5B 70 12
0030  40 00 8E 6D 00 00 02 04 - 05 B4 01 01 04 02
```

《パケット7》

```
0000  00 90 FE 87 70 4B 00 08 - 0D 0F BD 13 08 00 45 00
0010  00 28 13 FE 40 00 80 06 - B8 F3 C0 A8 01 6B CF 2E
0020  9C 9C 05 3D 00 50 32 28 - 1D 5B 5B 73 D6 40 50 10
0030  FF FF FB 31 00 00 00 00 - 00 00 00 00
```

(1)《パケット5》,《パケット6》,《パケット7》をTCPヘッダ表に記入しなさい。記入は16進数で,制御フィールドは2進数で表しなさい。

《パケット5》のTCPヘッダ表

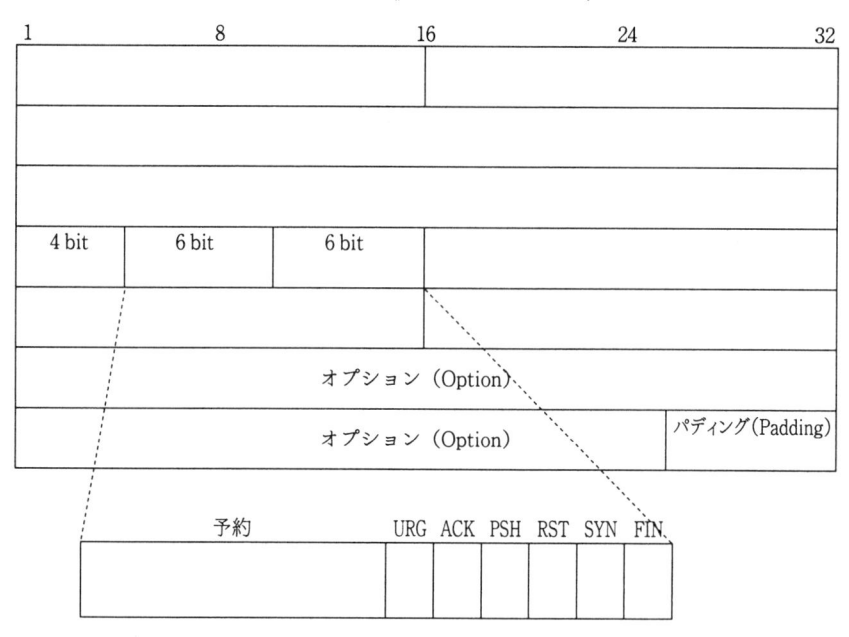

《パケット6》のTCPヘッダ表

《パケット７》の TCP ヘッダ表

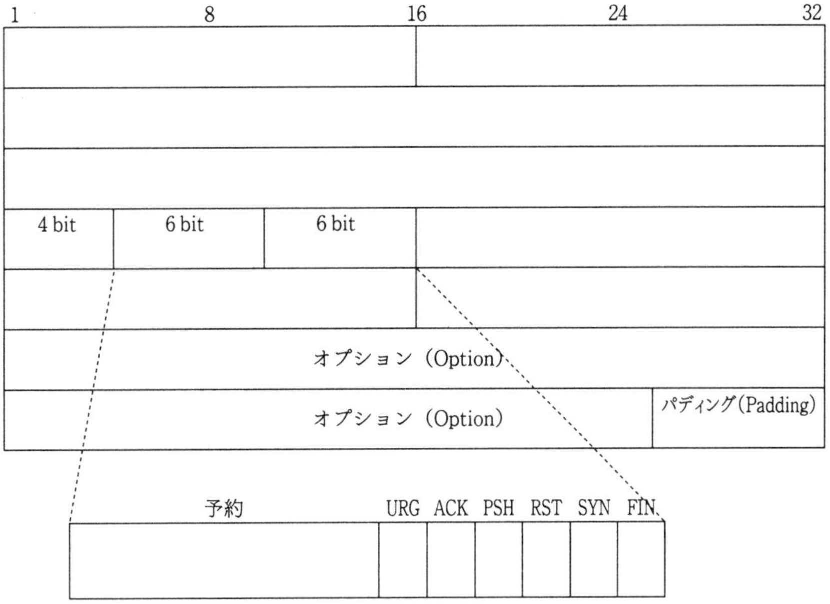
1
8
16
24
32
4 bit
6 bit
6 bit
オプション（Option）
オプション（Option）
パディング(Padding)
予約
URG
ACK
PSH
RST
SYN
FIN

（2）《パケット５》,《パケット６》,《パケット７》の結果を次の表にまとめなさい。ただし，WINDOW とポート番号は 10 進数で，他の項目は 16 進数で表示しなさい。

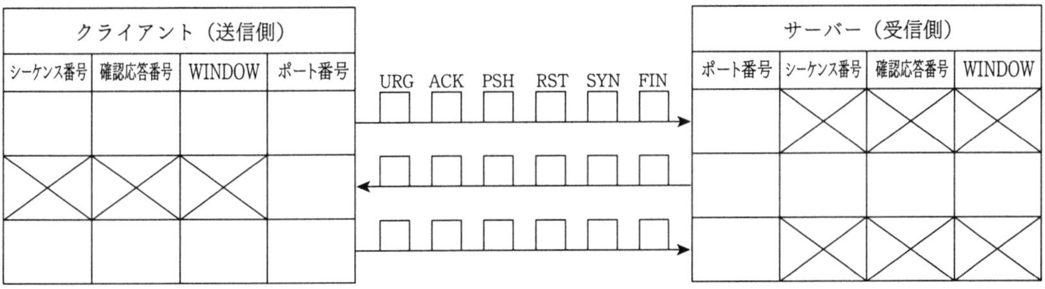
クライアント（送信側）
シーケンス番号
確認応答番号
WINDOW
ポート番号
URG
ACK
PSH
RST
SYN
FIN
サーバー（受信側）
ポート番号
シーケンス番号
確認応答番号
WINDOW

（3）TCP ヘッダ表を見て，＿＿＿に答えなさい。

① クライアントはサーバーの，どのアプリケーションとコネクションを確立しようとしているか。＿＿＿＿＿＿＿＿＿＿

② 《パケット５》では，SYN = 1 でコネクション確立要求を行う。このとき，クライアントのシーケンス番号は，いくつに設定されたか。

＿＿＿＿＿＿＿＿＿＿

③ 《パケット5》に対して，サーバーの確認応答番号は，＿＿＿＿＿＿＿

④ 《パケット5》のシーケンス番号に1を加算すると，＿＿＿＿＿＿＿，この値がサーバーの確認応答番号と一致することを確かめなさい。

⑤ 《パケット6》では，SYN＝1，ACK＝1がクライアントに送られる。このとき，シーケンス番号は a.＿＿＿＿＿＿＿で，クライアントのものとはまったく独立である。クライアントがこのパケットを受け取ると，b.＿＿＿＿の伝送路が開かれる。このオプションの項目からMSSは10進数表示で c.＿＿＿＿の値である。

⑥ 《パケット7》では，ACK＝1をサーバーに送る。これによって，＿＿＿＿＿の伝送路が開かれ，コネクションが確立する。

―――――――――――― 解　答 ――――――――――――

問題3

（1）ESTABLISH　（2）ハーフクローズ，または片側切断　（3）上りの通信路：×，下りの通信路：○　（4）ACKがサーバーに届かないと，再度サーバーはFIN＝1をクライアントに送る。その時点で，クライアントがCLOSEになっていると，サーバーはCLOSE_WAITのまま正しくコネクションの終了ができなくなる。

問題 6

(1) 《パケット 5》

1	8	16	24	32
\multicolumn{2}{c}{05 3D}		\multicolumn{2}{c}{00 50}	
\multicolumn{4}{c}{32 28 1D 5A}			
\multicolumn{4}{c}{00 00 00 00}			

4 bit 7	6 bit	6 bit	FF FF
	00 32		00 00
\multicolumn{3}{c}{02 04 05 B4}	
\multicolumn{3}{c}{01 01 04 02}	

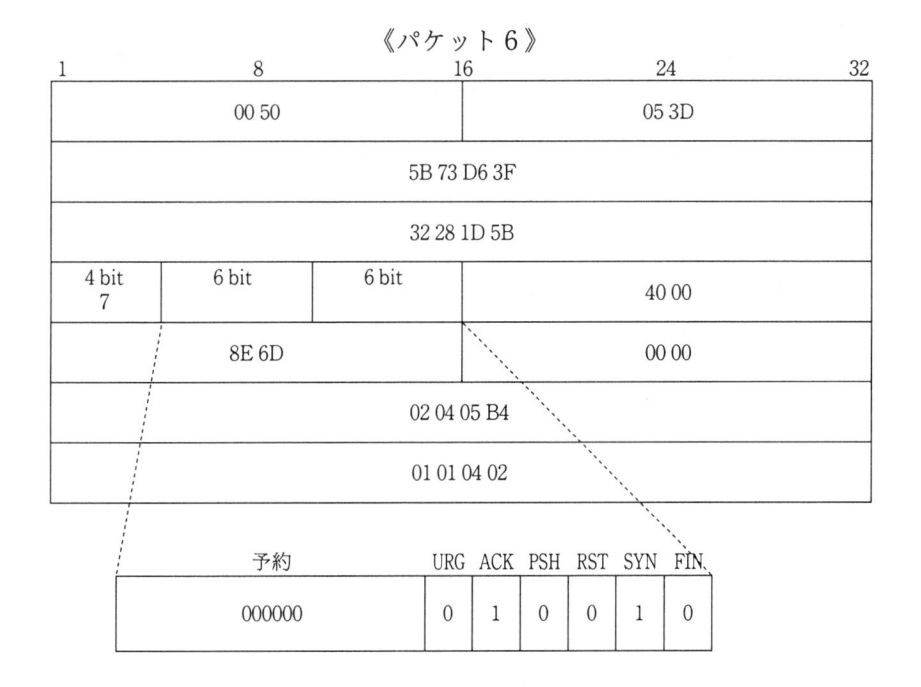

予約	URG	ACK	PSH	RST	SYN	FIN
000000	0	0	0	0	1	0

《パケット 6》

1	8	16	24	32
\multicolumn{2}{c}{00 50}		\multicolumn{2}{c}{05 3D}	
\multicolumn{4}{c}{5B 73 D6 3F}			
\multicolumn{4}{c}{32 28 1D 5B}			

4 bit 7	6 bit	6 bit	40 00
	8E 6D		00 00
\multicolumn{3}{c}{02 04 05 B4}	
\multicolumn{3}{c}{01 01 04 02}	

予約	URG	ACK	PSH	RST	SYN	FIN
000000	0	1	0	0	1	0

《パケット7》

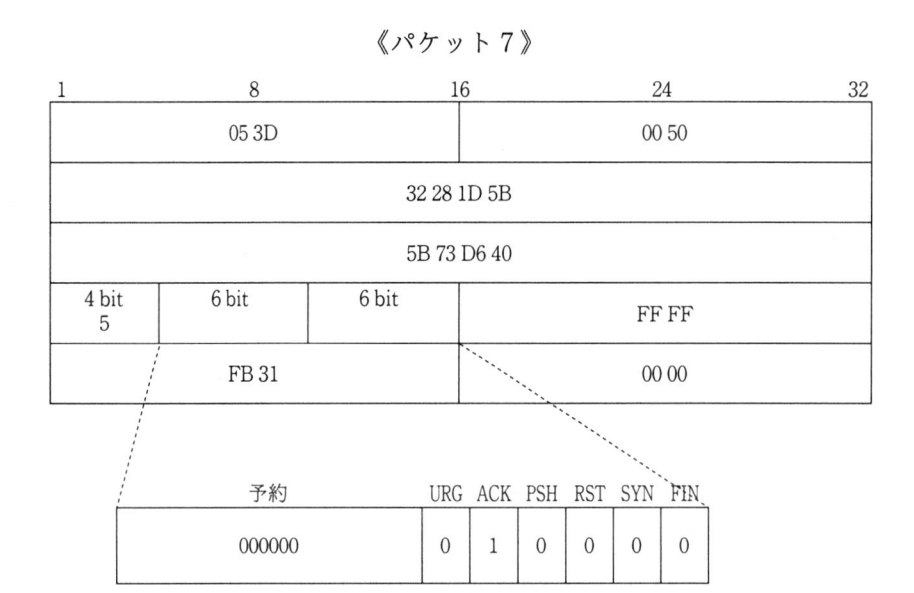

1	8	16	24	32
05 3D			00 50	
32 28 1D 5B				
5B 73 D6 40				
4 bit 5	6 bit	6 bit	FF FF	
FB 31			00 00	

予約	URG	ACK	PSH	RST	SYN	FIN
000000	0	1	0	0	0	0

（2）

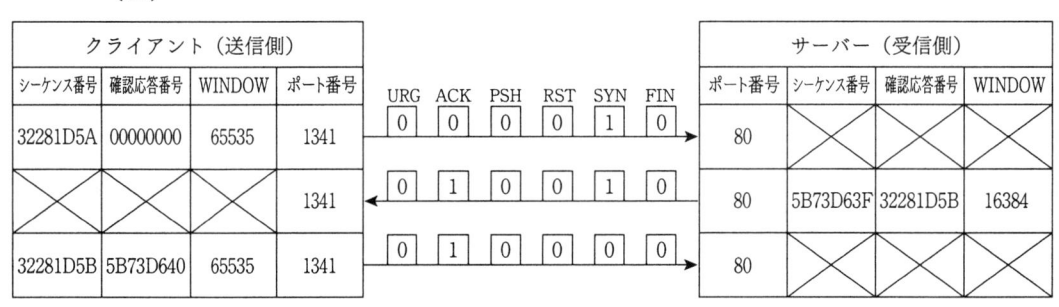

クライアント（送信側)					URG	ACK	PSH	RST	SYN	FIN		サーバー（受信側)			
シーケンス番号	確認応答番号	WINDOW	ポート番号								ポート番号	シーケンス番号	確認応答番号	WINDOW
32281D5A	00000000	65535	1341		0	0	0	0	1	0	80	×	×	×
×	×	×	1341		0	1	0	0	1	0	80	5B73D63F	32281D5B	16384
32281D5B	5B73D640	65535	1341		0	1	0	0	0	0	80	×	×	×

（3）
① HTTP　②　32 28 1D 5A　③　32 28 1D 5B　④　32 28 1D 5B
⑤　a. 5B 73 D6 3F　b. 上り　c. 1460 バイト　⑥下り

第8章
プライベートIPアドレス／DHCPによる自動割り当て

学習のポイント

自分で構築したLANでは，IPアドレスには自由に使えるプライベートIPアドレスが用意されている。

本章ではプライベートIPアドレスを使ったLANがインターネットの世界と通信をする技術，およびネットワーク通信のためにパソコンにパラメータを自動的に設定するDHCPプロトコルを学習する。

☆ プライベートIPアドレス／グローバルIPアドレス
☆ NAPT
☆ 自動割り当てのプロトコルDHCPの機能
☆ DHCPリレー・エージェントの仕組み

| アプリケーション層 |
| プレゼンテーション層 |
| セッション層 |
| トランスポート層 |
| ネットワーク層 |
| データリンク層 |
| 物理層 |

8.1 プライベートIPアドレス

プライベートにLANを構築した場合，IPアドレスはJPNICから割り当ててもらう必要はない。IPアドレスには，誰でも自由に使える特別なアドレスが用意されている。これをプライベートIPアドレスという。これに対して，インターネットの世界で通用するIPアドレスをグローバルIPアドレスという。このグローバルIPアドレスは世界中ユニークなアドレスであり，アドレス管理組織がプロバイダー経由で割り当てるIPアドレスである。

グローバルIPアドレスは不足ぎみで，企業などがLANを構築する場合，アドレス管理団体は簡単にはグローバルIPアドレスを割り当ててはくれない。まして，企業の1台ごとにグローバルIPアドレスを割り当てることは現実的ではない。プライベートIPアドレスであれば自由にユーザが設定することができる。

プライベートIPアドレスは，表8.1のRFC 1597に3つのアドレスブロックを使用するように記述されている。

表 8.1　プライベート IP アドレス

CIDR 表記	範囲表記
10. 0. 0. 0 / 8	10.0.0.0　～　10.255.255.255
172. 16. 0. 0 / 12	172.16.0.0　～　172.31.255.255
192. 168. 0. 0 / 16	192.168.0.0　～　192.168.255.255

プライベート IP アドレスで最も利用されるのが，表 8.1 の 3 行目の 192.168.0.0/16 である。このブロックでは，65536 個の IP アドレスを割り当てることができる。しかし，実際には最初と最後のアドレスは使えない。

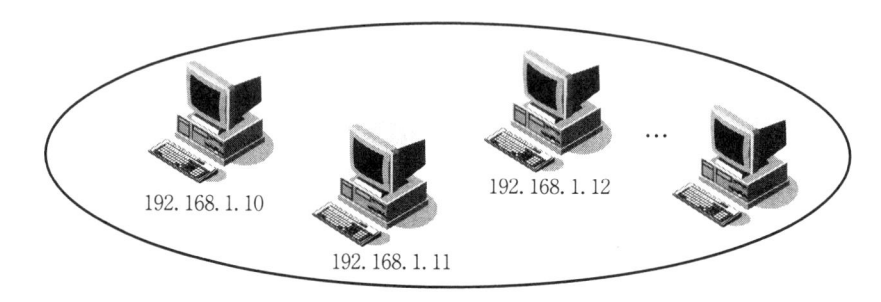

図 8.1　閉じた企業内の LAN

（1）インターネットに接続

　企業や自宅で LAN を構築した場合，コンピュータにプライベート IP アドレスを割り当てると，このままではインターネットの世界と直接通信することはできない。しかし，プライベート IP アドレスを使用した LAN で閉じてしまい，外部のインターネットに接続しないならば，通信手段としての魅力は半減してしまう。これを解決するために，閉じた LAN からインターネットの世界に接続することのできる技術が開発された。これを NAPT [1] または IP マスカレードという。

　NAPT はほとんどのルーターに組み込まれている機能で，アドレスと共にポート番号まで変換するので n 台のコンピュータに対して，1 つのグローバル IP アドレスに変換することができる。

　NAPT 機能を見てみよう。図 8.2 は，プライベートな LAN で，2 台のコンピュータからインターネットをアクセスするプロセスである。クライアント A は最終目標の Web サーバーの IP アドレス「200.x.x.10」をあて先 IP アドレスとして送信する。これを受け取った NAPT は，送信元 IP アドレスを自分がもっているルーターの外部アドレス「200.x.x.5」に変換して，短命ポート番号「2313」を新たに付け直す。この結果を変換テーブルに記入する。

　これと同時に，クライアント B からもインターネットの Web サーバーにアクセス要求が

（1） NAPT：Network Address Port Translation

あった場合を考えてみる。クライアントAの時と同じように送信元のプライベートIPアドレス「192.168.10.2」をルーターの外部IPアドレス「200.x.x.10」に変換し，送信元のポート番号「2314」はクライアントAのものとは異なる番号を割り当て，変換テーブルに記入し，パケットをWebサーバーに送信する。

　Webサーバー側からみてみよう。同じIPアドレスのWebサーバー上では1つのクライアント上に複数のブラウザが開いているように見える。Webサーバーからクライアントに応答パケットを返送するときは，クライアントA，Bの両者に対して同じIPアドレス「200.x.x.5」で送信する。パケットがNAPTに到着すると，変換テーブルを見て，応答パケットはあて先のポート番号が異なるので，変換テーブルによって，それぞれのクライアントに送り返すことができる。すなわち，ポート番号「2313」であれば，変換テーブルからLAN内のプライベートIPアドレスは「192.168.10.1」，ポート番号は「1025」であることがわかる。また，NAPTに到着したパケットがポート番号「2314」であれば，LAN内のプライ

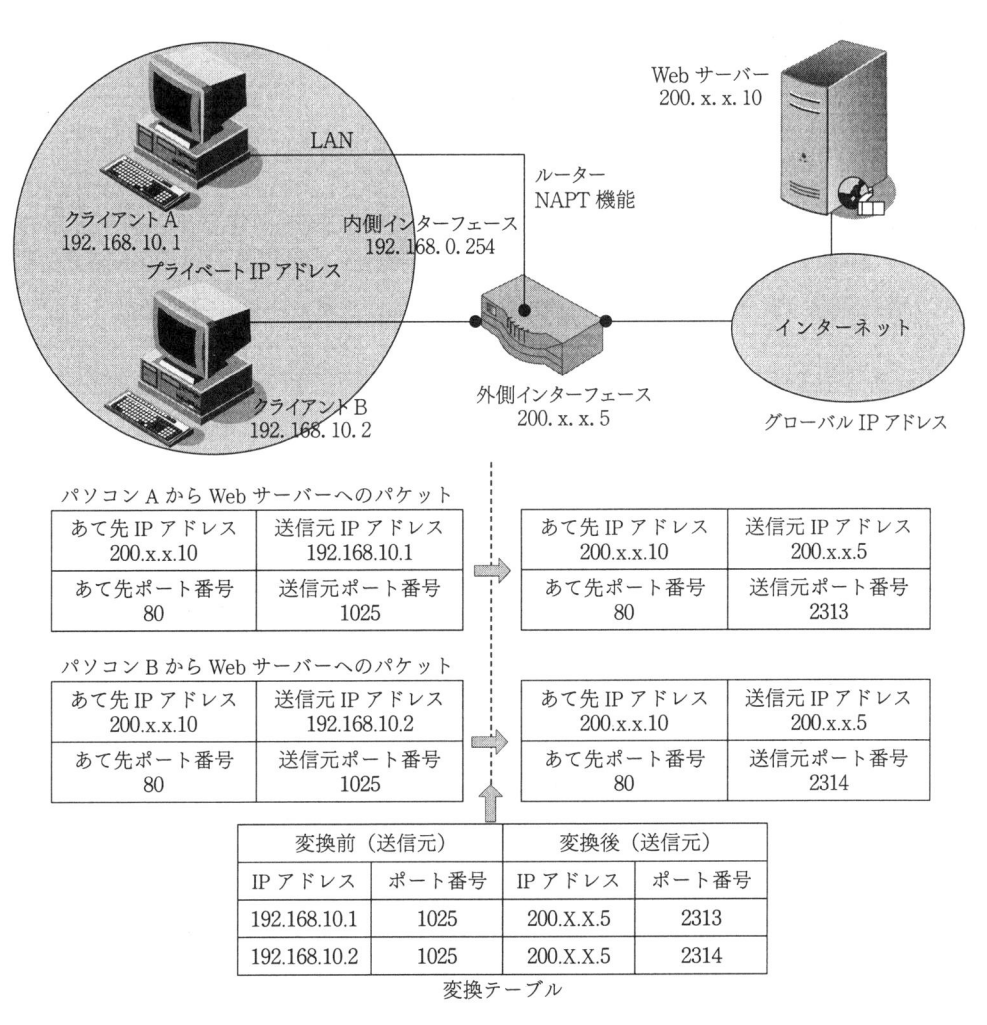

図8.2　2台のコンピュータによるインターネットの同時アクセス

ベートアドレスは「192.168.10.2」, ポート番号は「1025」となる。

このように, IP アドレスとポート番号を組み合わせると, 1 つのグローバル IP アドレスを複数のクライアントで共有することができる。すなわち, 1 対 n の通信が可能となる。

(2) セキュリティ

プライベート IP アドレスを使った LAN ではセキュリティを高めることができる。図 8.3 のように, グローバル IP アドレスで構築した LAN では IP アドレスが外部に知られていると, 直接アクセスされて, 攻撃される恐れがある。

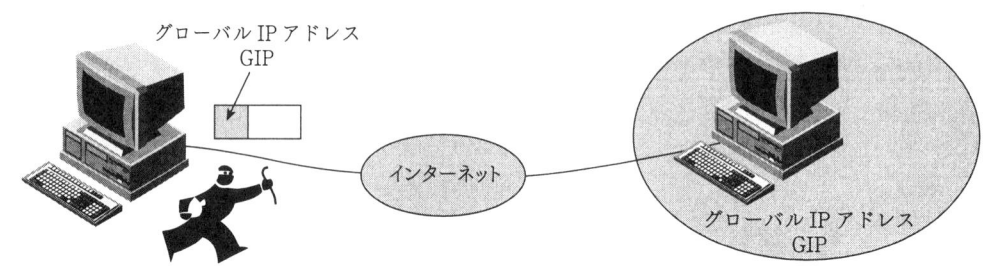

図 8.3 攻撃される可能性

しかし, 図 8.4 のようにプライベート IP アドレスを使用すると, インターネットから LAN 内のコンピュータに直接アクセスすることができなくなる。インターネットからグローバル IP アドレスで直接アクセスできるのは, NAPT の外部 IP アドレスのみである。

グローバル IP アドレスで構築した LAN ではコンピュータの IP アドレスが外部に知られて, 直接アクセス可能な状態であるとクラッカーに攻撃されて, ネットワークに危険が降りかかる恐れがある。しかし, プライベート IP アドレスを使うと, これらの危険を回避でき, ネットワークのセキュリティが確保される。

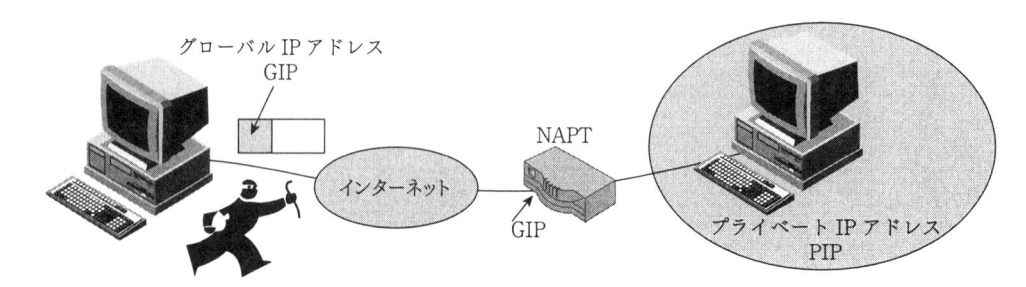

図 8.4 プライベート IP アドレスによるセキュリティ

プロバイダー経由でインターネットに接続されている場合, RFC 1597 の 3 つのブロックのプライベート IP アドレスを使用すると, これらのアドレス宛のパケットは通らないようにプロバイダーがファイアーウォールを設定している。このため, プライベート IP アドレスを使用していれば, 何らかの手違いでプライベート IP アドレス宛のパケットがインターネットに流失しても, プロバイダーがブロックしてくれる。

8.2 DHCPによる自動設定

　クライアントのコンピュータが通信を開始するときさまざまな初期設定が必要である。自分のIPアドレス，サブネットマスクなど，数項目の設定が必要となる。これを手入力で設定してもよいが，ホストを立ち上げる度に入力しなければならず，煩雑である。これを自動的に行う方法がある。DHCPはDynamic Host Configuration Protocolの略で，パソコンがネットワークの設定情報を取得するためのプロトコルである。

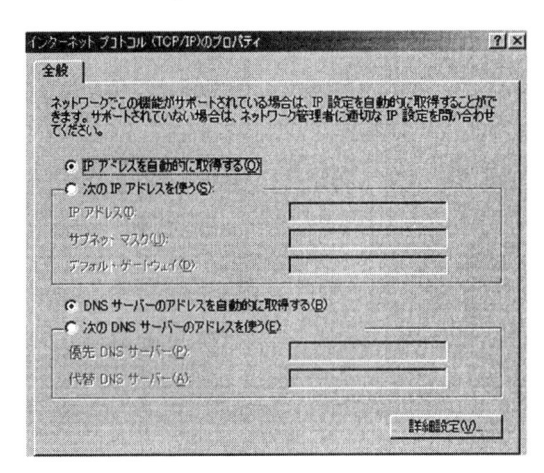

図8.5　設定項目の手入力　　　　　　　　図8.6　DHCPによる自動設定

　図8.5はIPアドレスなどの項目を手入力によって設定するための画面である。また，図8.6は自動的に設定する画面である。「IPアドレスを自動取得する」項目にチェックをいれると，DHCPによって自動設定される。

8.2.1　自動設定の流れ

　この処理の流れを図8.7に示す。クライアントのパソコンに内蔵するDHCPクライアントが，DHCPサーバーから設定情報を取得する基本的な仕組みである。

　設定情報を取得する前では，クライアントはまだ自分のIPアドレスが決まっていないので，「0.0.0.0」という特別なIPアドレスを用いる。つまり，送信元のIPアドレスを「0.0.0.0」にして，DHCPディスカバーやDHCPリクエストを送信する。

　クライアントの電源スイッチをONにすると，まずパソコンのDHCPクライアントが立ち上がり，図8.7に示す順序で設定情報の取得が行われる。

クライアント　　　　　　　　　　　　　　　　　　　　　DHCPサーバー

　　　　　DHCP　　　　　　　IPアドレスをください。
　　　　クライアント
　　　　　　　　　① DHCPディスカバー
　　　　　　　　　　（ブロードキャスト）

　　　　　　　　　　　　　　　　　　提案
　　　　　　　　　　　　　　　　　192.168.1.10
　　　　　　　　　　　　　　　　　はいかがですか。
　　　　　　　　　② DHCPオファー
　　　　　　　　　　（ユニキャスト）

　　　　　　　　　　　　　　　　　提案されたIPアドレ
　　　　　　　　　　　　　　　　　スでお願いします。
　　　　　　　　　③ DHCPリクエスト
　　　　　　　　　　（ブロードキャスト）

　　　　　　　　　　　　　　　　　了解，192.168.1.10を
　　　　　　　　　　　　　　　　　使ってよいです。
　　　　　　　　　④ DHCPアック
　　　　　　　　　　（ユニキャスト）

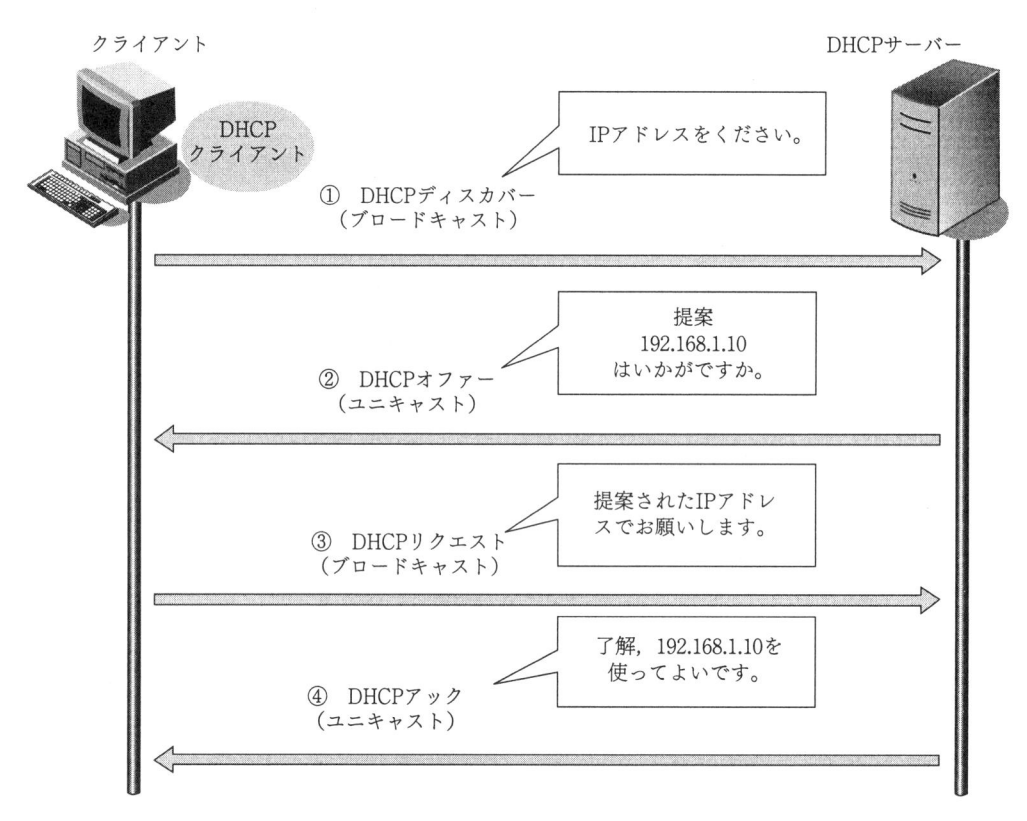

図8.7　DHCPの情報設定手順

　この設定情報の取得のプロセスを見てみよう。LAN上にはDHCPサーバーが1台とは限らないので2台が接続されているものとする。クライアントのパソコンは電源をONにすると，DHCPクライアントは，DHCPサーバーと2往復のメッセージ交換を行い，設定情報を取得する。

　① DHCPディスカバー（DHCP Discover）

　LAN上のすべてのDHCPサーバーに「IPアドレスをください」というパケットを，ブロードキャストで流す。

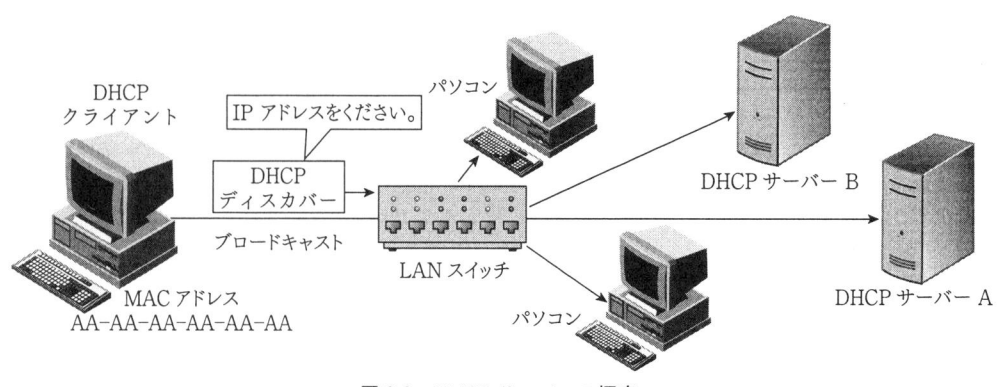

図8.8　DHCPサーバーの探索

② DHCP オファー（DHCP Offer）

クライアントはLAN上のすべてのDHCPサーバーから「IPアドレス」の申し出をユニキャストで受ける。たとえば，DHCPサーバーAからは「192.168.1.10」，またDHCPサーバーBからは，「192.168.1.5」が提案される。

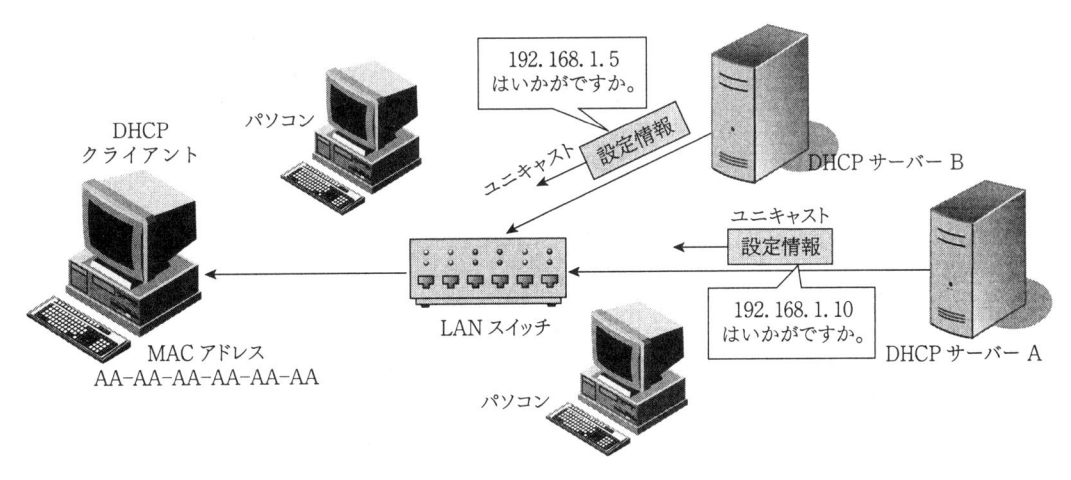

図8.9　設定情報の受信

③ DHCP リクエスト（DHCP Request）

クライアントはDHCPサーバーに貴方の設定情報を「使わせてもらいます」というコマンドを要求する。すなわち，DHCPサーバーがそれぞれ提案した設定情報を，DHCPクライアントがどちらか1つを選んで改めてブロードキャストで要求する。ここではDHCPサーバーAの「192.168.1.10」が選ばれたものとする。

ここで，LAN上のすべてにDHCPリクエストがブロードキャストで伝わるので，採用されなかったDHCPサーバーBは「使われなかった」と判断する。

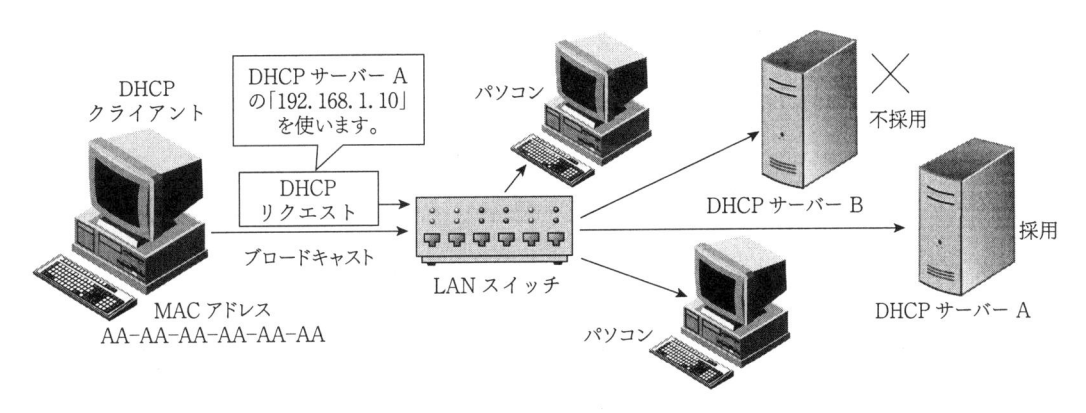

図8.10　使いたい情報を伝達

④ DHCP アック（DHCP ACK）

採用された DHCP サーバー A は要求を確認したことをクライアントに送信する。すなわち，「192.168.1.10」使ってもよいというメッセージをクライアントに送る。これをクライアントが受け取った段階で設定が完了する。

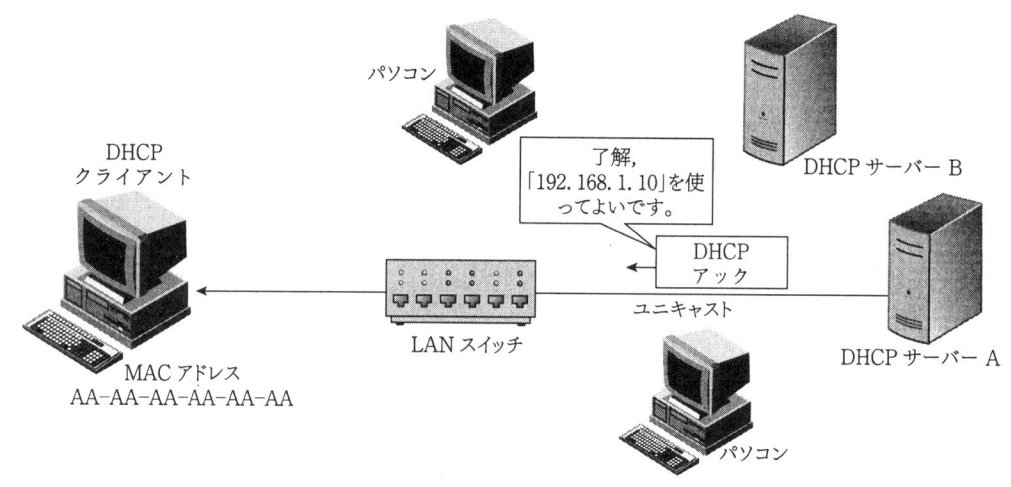

図 8.11　リクエストの承認

8.2.2　IP アドレスの割り当て

DHCP サーバーが IP アドレスを割り当ては，次の 2 つの方法がある。
- 空き IP アドレスを動的に割り当てる。
- あらかじめ決められた IP アドレスを固定的に割り当てる。

（1）期間の指定

IP アドレスには限りがあるので，DHCP サーバーが IP アドレスを割り当てるときは，利用期間を指定して，設定情報を配布する「リース」という方法が用いられる。ネットワーク管理者が期間を指定して，その期間だけ IP アドレスを割り当てる。

DHCP サーバーでは，管理台帳に少なくとも図 8.12 に示す項目を記録する。

IP アドレス，LAN カードの MAC アドレス，有効期限などである。管理台帳に従って，有効期限を過ぎた IP アドレスは期間延長，または他のパソコンに割り当てることができる。

管理台帳	
IP アドレス	192.168.10.2
MAC アドレス	AA-AA-AA-AA-AA-AA
割り当て有効期限	2008.11.8

図 8.12　管理台帳

（2）固定のアドレスの割り当て

DHCP サーバーは，同じパソコンに特定の IP アドレスを固定的に割り当てることができる。固定アドレスは DHCP サーバーに希望する IP アドレスを管理台帳に登録しておく。あらかじめ割りあてる IP アドレスが決まっていればその IP アドレスを割り当てる。

（3）IP アドレスの延長手続き

同一のクライアントが同じ IP アドレスを使い続けるように DHCP サーバーは工夫されている。ネットワークにつながったままパソコンは，リース期間を延長することで，同じ IP アドレスを使い続けることができる。

（a）稼働中の延長

DHCP クライアントはリース期間の残り時間の半分になった時点で，リース期間の延長を DHCP サーバーに要求する。この場合，他の DHCP サーバーに伝える必要はないのでユニキャストで要求先の DHCP サーバーに送信する。延長要求を受けた DHCP サーバーは DHCP アックを返し，OK する。これによって，リース期間はリセットされ，そこからリース期間があらためてカウントされる。

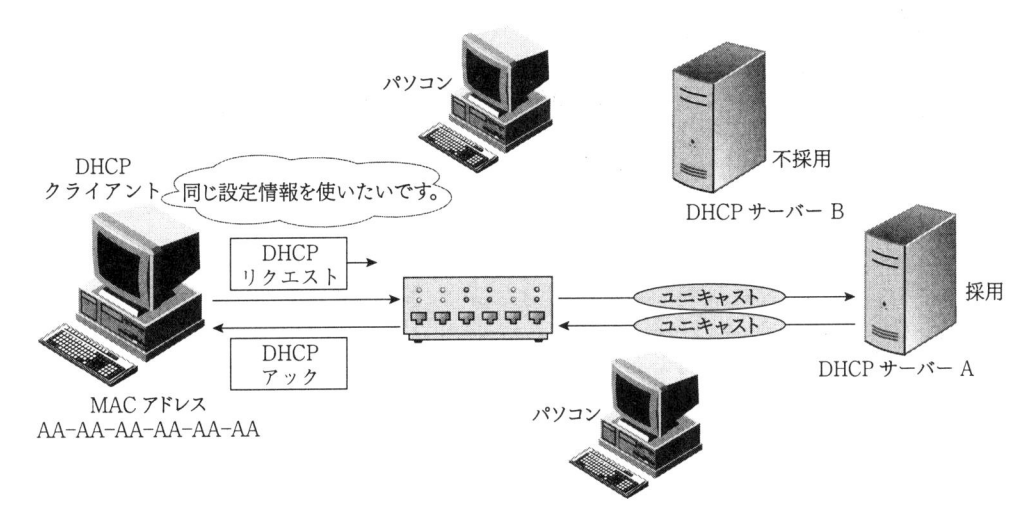

図 8.13　稼働中に残りのリース期間が半分

（b）再起動したときの延長

① 異なるネットワークに接続したとき

クライアントのパソコンが再起動するとき，今までと違ったネットワークに接続されていることがある。再起動するとき，DHCP クライアントは，自分がそれまで使っていた IP アドレスを DHCP リクエストでブロードキャストする。ブロードキャストで送信すれば，ネットワークが違っていてもどこかの DHCP サーバーに届く。IP アドレスの情報などから，DHCP リクエストが違っていることに気がついた DHCP サーバーから，リクエストを否定する DHCP アックが送られてくる。

DHCPアックを受け取ったDHCPクライアントは，違うネットワークにつながっていることに気付く。そして，設定情報をはじめから取得し直す。このようにして，設定情報を入手する。

② 同じネットワークのとき

クライアントが同じネットワークで再起動するときは，クライアントから送信されるDHCPリクエストに対して，DHCPアックが返されるので，以前と同じ設定情報を使うことができる（図8.14）。

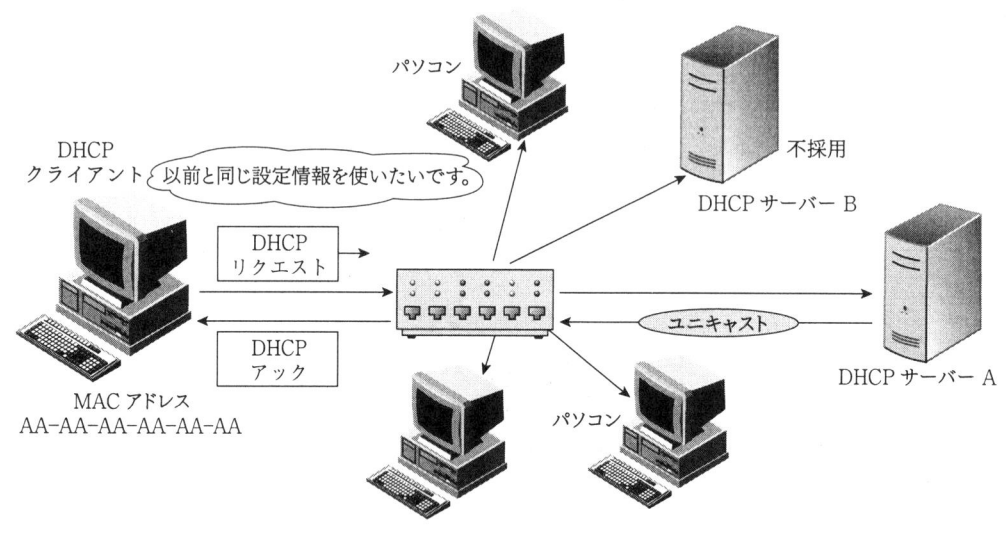

図8.14 違うネットワークに接続

8.2.3 DHCPのオプション

DHCPはオプションによってさまざまな情報を取得できる。図8.15のようにDHCPでは，IPアドレス以外はすべてオプションで指定する。それぞれのオプションは，DHCPメッセージのオプションフィールドに必要な分だけコードと内容を指定する。オプションコードは100個以上あるが，必ず指定しなければならないものは，「①サブネットマスク，②デフォルトゲートウェイ・アドレス，③DNSサーバー・アドレス，④リース期間」である。

次のMS-DOSコマンドを実行すると，図8.15の設定情報が見られる。

```
> ipconfig /all
```

第 8 章　プライベート IP アドレス／DHCP による自動割り当て　*131*

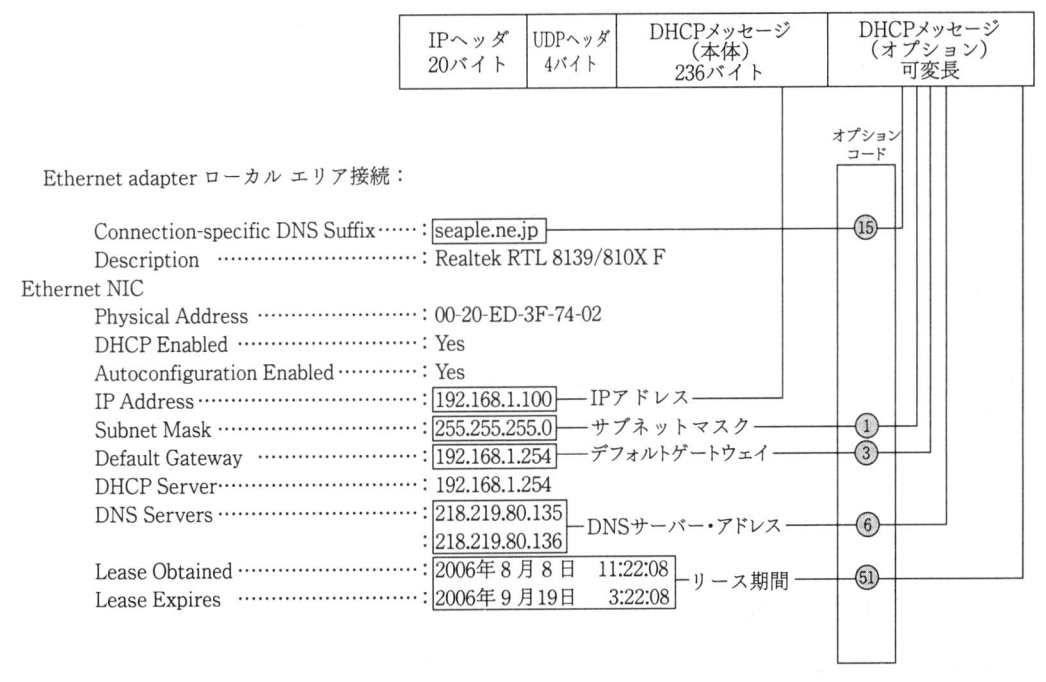

図 8.15　オプションによる IP アドレス以外の設定情報
（「日経 NETWORK」2006. 7，日経 BP 社，p.30 を参考に作成）

8.2.4　DHCP リレー・エージェント

　DHCP リレー・エージェントは別のネットワークにある DHCP サーバーを中継するために使われる。この DHCP リレー・エージェントはルーターの中に実装されている。

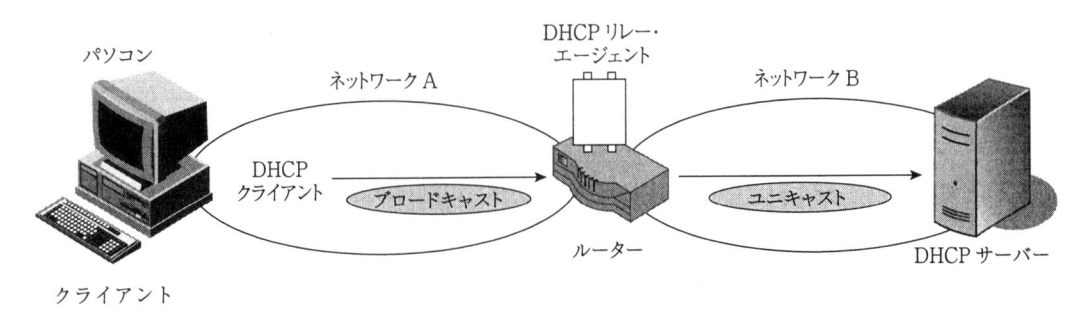

図 8.16　他のネットワークから設定情報を取得

　図 8.16 では，クライアントのパソコンがネットワーク B にある DHCP サーバーから設定情報を取得する場合である。メッセージはブロードキャストで送られるが，ネットワーク B には直接届かない。そのために，中継はルーターに実装された DHCP リレー・エージェントの働きによって行われる。すなわち，DHCP クライアントからブロードキャストで送られてくるメッセージを一旦受け取って，ユニキャストの IP パケットに直して，ネットワーク B の DHCP サーバーに送る。

ネットワークBのDHCPサーバーからの応答はDHCPリレー・エージェントを経由してパソコンに送られる。この技術を使えば，1台のDHCPサーバーで複数のネットワークのパソコンに設定することができる。

【練習問題】

問題1 LANを構築したとき，プライベートIPアドレスを使うメリットを述べなさい。

問題2 次の図においてNAPT機能を用いて，3台のクライアントコンピュータがパケットを送信する。これらをグローバルIPアドレスに変換するとき，変換テーブルを完成しなさい。

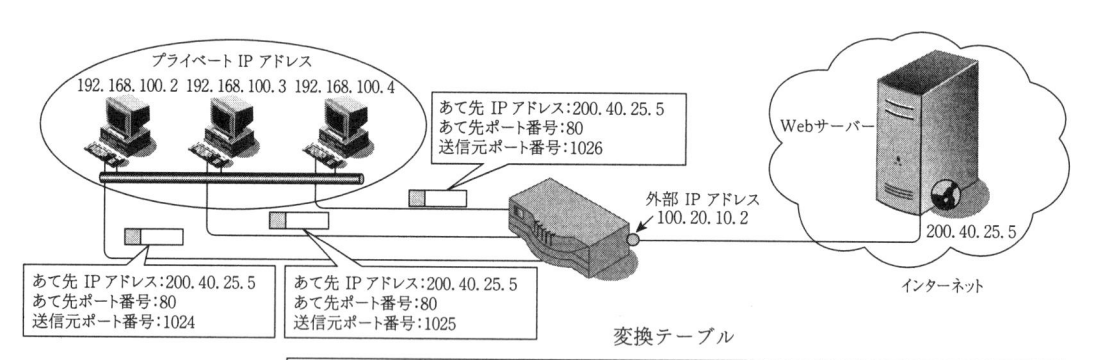

プライベートIPアドレス
192.168.100.2　192.168.100.3　192.168.100.4

あて先IPアドレス：200.40.25.5
あて先ポート番号：80
送信元ポート番号：1026

外部IPアドレス
100.20.10.2

Webサーバー
200.40.25.5

インターネット

あて先IPアドレス：200.40.25.5
あて先ポート番号：80
送信元ポート番号：1024

あて先IPアドレス：200.40.25.5
あて先ポート番号：80
送信元ポート番号：1025

変換テーブル

変換前（送信元）		変換後（送信元）	
IPアドレス	ポート番号	IPアドレス	ポート番号

問題3 DHCPについて，次の問題に答えなさい。
（1）クライアントのDHCPディスカバーに対して，DHCPサーバーからDHCPオファーが送られてくる。これに対して，クライアントはDHCPリクエストをブロードキャストで送信するのはなぜか。その理由を述べなさい。
（2）DHCPサーバーからDHCPオファーが送られてくるとき，まだクライアントにはIPアドレスは設定されていない。どのようにしてDHCPオファーのメッセージが送信されるか。
（3）稼働中にリース期間が半分になったとき，どのような手順でリース期間の延長が行われるか。
（4）以前設定情報を取得したネットワークにパソコンを接続して再起動した。どのようにメッセージ交換が行われるか。

（5）リレー・エージェントの役割を述べなさい。

解　答

問題 1

1つのグローバルIPアドレスで，多数のクライアントのパソコンを設定することができる。したがって，IPアドレスの節約になる。また，外部からはNAPT機能をもつルーターの外部IPアドレスのみが見えるので，セキュリティが高まる。

問題 2

変換テーブル

変換前（送信元）		変換後（送信元）	
IPアドレス	ポート番号	IPアドレス	ポート番号
192.168.100.2	1024	100.20.10.2	2013
192.168.100.3	1025	100.20.10.2	2014
192.168.100.4	1026	100.20.10.2	2015

↑1024以上で，重複しない値

問題 3

（1）同じネットワークに複数のDHCPサーバーが存在するとき，どのDHCPサーバーからの設定情報を使用するか，他のDHCPサーバーにわかるようにするためである。

（2）DHCPサーバーには，クライアントからDHCPディスカバーがMACフレームで送られてくる。このフレームのMACヘッダの送信元MACアドレスを用いて，クライアントにDHCPオファーを送り返す。

（3）稼働中のクライアントは，リース期間が半分になるとDHCPリクエストをDHCPサーバーに送信する。DHCPサーバーは管理台帳を見てOKであれば，DHCPアックをクライアントに送る。

（4）クライアントはDHCPリクエストをブロードキャストで送信する。以前IPアドレスの割り当てたDHCPサーバーは，DHCPアックをDHCPクライアントに返し，以前と同じ設定情報を使用できる。

（5）ネットワークの外にDHCPサーバーがあるとき，ネットワーク同士をつなぐルーターがリレー・エージェント機能を持つとき，これによって異なるネットワーク間でDHCPメッセージを中継することができる。

第9章
制御用のプロトコル ICMP

学習のポイント

ICMP は，IP 通信を実現するための陰の役割を担うさまざまな制御情報をやりとりする目的で作られたプロトコルである。エラーメッセージの送信，通信状態の診断，データフローの制御などの機能をもつ。本章では ICMP の機能と用途について学習する。

☆ 役割とプロトコルの仕組み
☆ IP 通信での利用
☆ セキュリティ

| アプリケーション層 |
| プレゼンテーション層 |
| セッション層 |
| トランスポート層 |
| ネットワーク層 |
| データリンク層 |
| 物理層 |

9.1 ICMP の役割

IP はコネクションレス型のプロトコルである。したがって，IP パケットを送信元からあて先に届けるだけで，途中のエラーなどには対処しない。ネットワークが混雑した場合や，ルーターやあて先コンピュータで異常が発生したときには，IP パケットが破棄されてしまう。これに対処するために，ネットワークに障害が生じたときに，ルーターは ICMP メッセージを格納した IP パケットを送信元のコンピュータに送る。このようにトラブルを送信元に伝えるのが ICMP[1] プロトコルである。したがって，ICMP プロトコルは IP を補完するプロトコルといえる。

---
(1) ICMP は Internet Control Message Protocol の略で，TCP/IP の規格を定める IETF が RFC792 として 1981 年にまとめている。

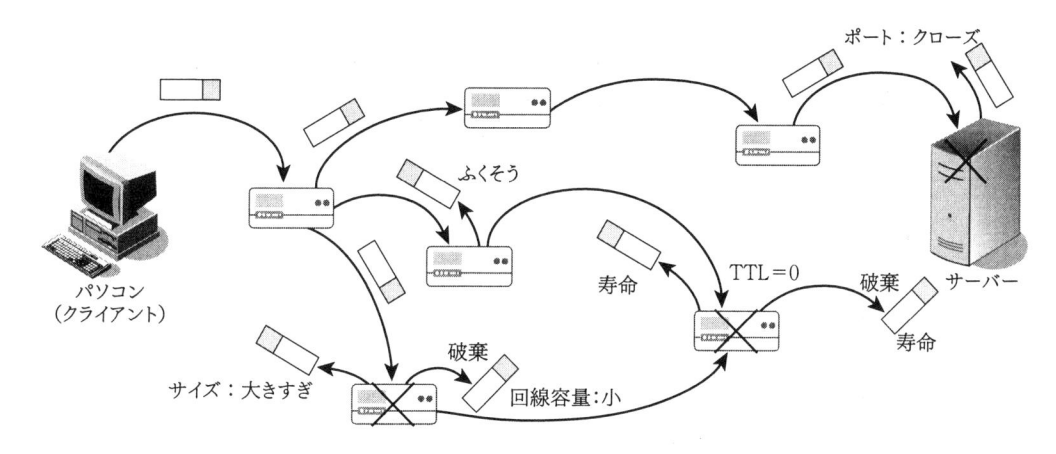

図 9.1　ICMP による送信元へのトラブル通知
（「日経 NETWORK」2004. 2，日経 BP 社，p.35 を参考に作成）

　図 9.1 に見られるように，ルーターのような第 3 層のネットワーク層を持つ通信機器では，IP と ICMP プロトコルが実装されている。ルーターでトラブルが発生すると，ICMP はパケットが破棄されたことや，その原因など，制御のための情報を送信元に伝える。このように状況を調べ，送信元に通知することによって IP パケットを円滑に伝送する手助けをする。これらにはエラー通知と情報照会の 2 種類のパターンがある。

（1）エラー通知
　「エラー通知」は IP パケットの伝送中にエラーが発生した場合，発生元のコンピュータから送られてくる通知である。実際のデータ通信において，あて先に IP パケットを送信する途中に，次のようなトラブルが発生することがある。
　① パケットサイズが大きすぎる。
　② 混雑のため送信を抑えてほしい。
　③ パケットの寿命がきた。
　④ 送信先のポートが開いていない。

（2）情報照会
　「情報照会」は相手に ICMP の要求パケットを送り，それに対する応答を送信元がもらう。この応答は，回線とコンピュータの状態を表す"ICMP Echo message"である。
　① ping エコー要求とエコー応答をペアで用いて，IP パケットの到達性を調査する。
　② ICMP 時間超過メッセージを用いて送信元とあて先コンピュータ間にあるルーターを調査する。
　ICMP は第 3 層のネットワーク層に所属するプロトコルである。しかし，ICMP パケットは図 9.2 のように IP ヘッダでカプセル化されるので，IP よりも上位で動作すると考えられる。すなわち，ICMP はパケット形式から IP の上位のプロトコルに位置付けられる。

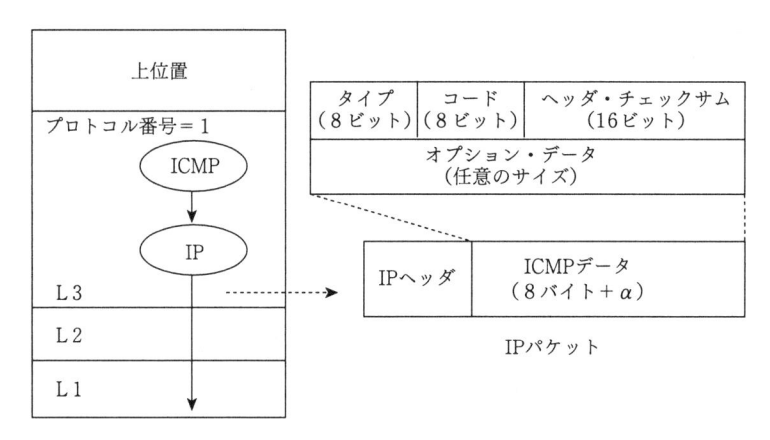

図9.2 IPの上位に位置するICMP

ここで，IPヘッダのプロトコルフィールドは，上位のICMPプロトコルであるので，'1'に設定される。

図9.2にICMPのパケット形式を示す。ICMPはIPプロトコルで図9.3のようにパケット化され，IPパケットのデータ部となり，ICMP自体がIPパケットのデータとして運ばれる。ICMPにはIPパケットのデータ部に①タイプ，②コード，③オプションがある。

ICMPでやりとりするメッセージは，すべてタイプとコードの組み合わせで表現される。タイプでメッセージの大まかな意味を示し，さらに細かな情報をコードで知らせる。また送信元に伝える情報がある場合はオプション・データ部に格納して送る。代表的なタイプ，コードに対するメッセージについて，表9.1に示す。ICMPメッセージの全タイプは次のURLで参照することができる。

http://www.iana.org/assignments/icmp-parameters

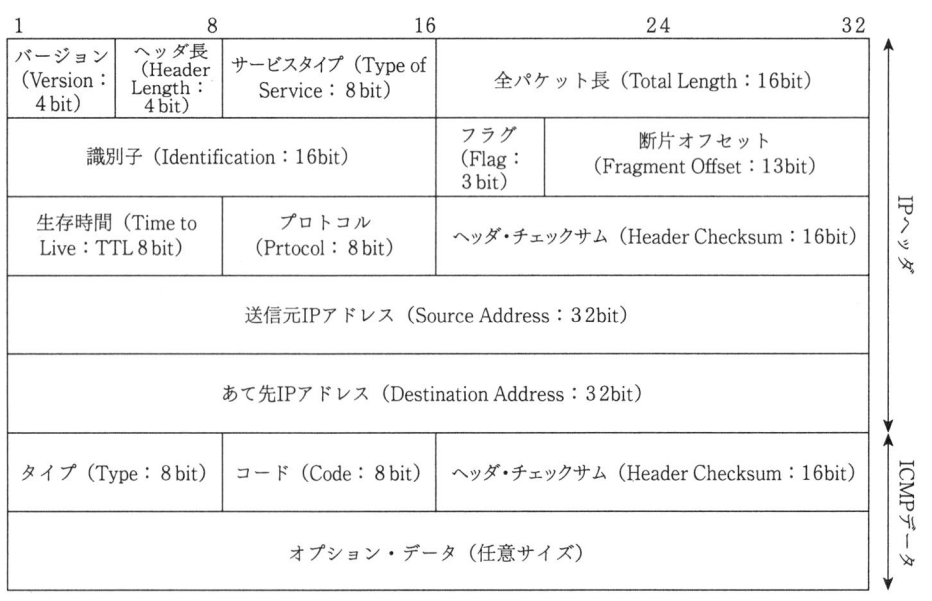

図9.3 ICMPのパケット形式

表9.1 タイプ＆コードの意味

タイプ	コード	意　味
0	0	エコー応答。pingコマンドでエコー要求とセットで利用する。
3	0	あて先ネットワークに到着できない。（あて先到達不能）
3	1	あて先ホストに到着できない。（あて先到達不能）
3	4	IPパケットの分割が必要であるが，分割禁止のフラグが立っているために分割できず，IPパケットは破棄される。（あて先到達不能）
4	0	送信抑制。送信元にパケット送出を抑えるように通知。
5	0	指定されたネットワークへの最適経路を通知。（リダイレクト）
5	1	指定されたホストへの最適経路を通知。（リダイレクト）
8	0	エコー要求。pingコマンドでエコー応答とセットで利用する。
11	0	TTL＝0生存時間がオーバー。
11	1	フラグメント再構成時間がオーバー。

9.2　ICMPの動作

ICMPが実際にネットワークでどのように活用されているかを示すため，ここでは代表的な次の機能を取り上げて，仕組みを探っていく。

- エラー通知
- ネットワーク管理コマンド（pingコマンド）

9.2.1　エラー通知

ICMPがユーザーの見えないところで，どのように活用されるかを知るために，処理の過程をみてみよう。

（1）経路MTU探索

EthernetではMTUは1500バイトであるが，パケットが通過できる最大サイズMTUは基本的には回線の種類で決まる。

図9.4では，ルーターの先の回線はMTU＝1000バイトである。IPパケットの大きさが1500バイトで，IPヘッダの項目DF＝1となっていると，このルーターでは分割することができない。そのために，パケットは廃棄されてしまう。このときルーターでは，ICMPによってあて先到達不能のメッセージ（ICMP Destination Unreachable Message）を送信元のパソコンに送る。このメッセージを受け取ったクライアントでは，IPプロトコルがIPパケットをMTU＝1000に対応するように分割して再送を試みる。分割したIPパケットでも，DF＝1となる。ここで，あて先到達不能メッセージは，タイプ＝3，コード＝4である。

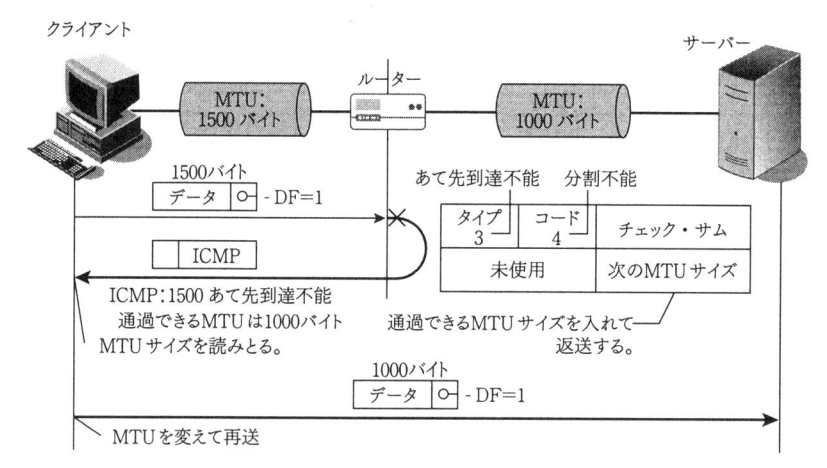

図9.4 経路MTUの仕組み

（2）リダイレクト

ルーターが送信元のクライアントに対して経路変更を指示する仕組みをリダイレクト（Redirect）という。最適でない経路を使用していることを見つけたルーターは"ICMP Redirect Message"を送信元に送り，経路変更を促す。このリダイレクトは，LAN内に複数のルーターがあるケースで用いられる。

図9.5のように，ルーターB経由でサーバーにIPパケットを送信する場合を考えてみよう。①クライアントから送信されたIPパケットは，ルーティング・テーブルに見て，ルーターAに送られる。②ルーターAでは，受け取ったIPパケットを見て192.168.2.1はルーターBの先にあることを知っているので，直接ルーターBに送った方が効率がよいと考えて"ICMP Redirect Message"をクライアントに送る。この"ICMP Redirect Message"は「タイプ＝5」，「コード＝1」（表9.1参照）で，オプション部分には，送信元がIPパケットを送るべきルーターのIPアドレスが含まれる。③クライアントは"ICMP Redirect Message"で指定されたルーターBにIPパケットを再度送信する。

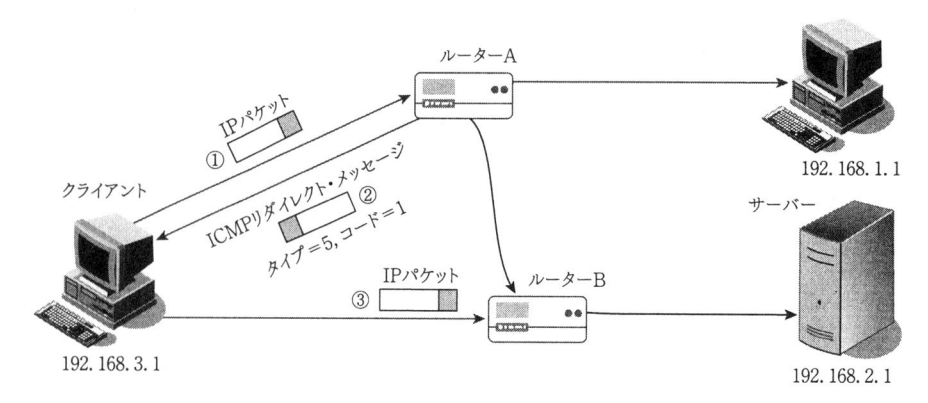

図9.5 リダイレクト

（3）ふくそう制御

IPパケットがルーターに集中すると，負荷が増大したルーターでは処理しきれなくなり廃棄されてしまう。廃棄が起こったことを送信側に，IPパケットの送信を抑えるように「ICMP送信制御メッセージ」を送る。「送信制御メッセージ」を受け取った送信元は，いったん速度を落とすが，また次第に速度を上げていく。そして再度メッセージを受信すると速度を落とす。この繰り返しでデータの送信をコントロールする。これがふくそう回避である。

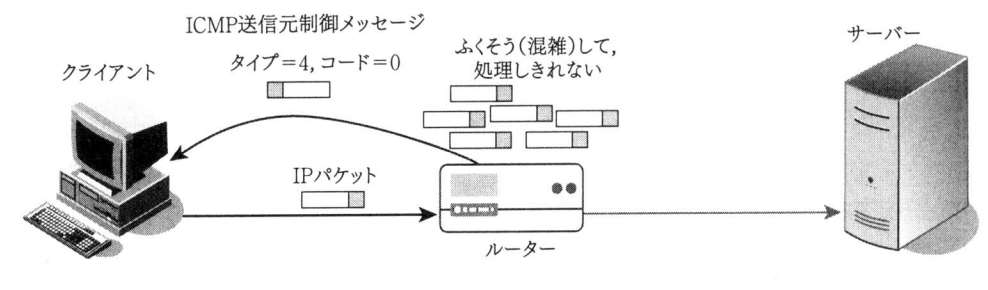

図9.6　フロー制御

図9.6でふくそう制御を見てみよう。処理が追いつかず，ルーターに備え付けられたバッファがあふれそうになると，ルーターはICMPメッセージを送信元に送る。このときはタイプ＝4，コード＝0（表9.1参照）の「ICMP送信抑制メッセージ」である。クライアントはルーターからこの送信抑制メッセージを受け取ると，自動的にIPパケットの送信間隔を長くして通信速度を落とす。

（4）生存時間のオーバー

ルーターはIPパケットのTTLを1つ減少させる。TTLが0になるとIPパケットは破棄されてしまう。破棄は，TTLが0に達したか，またはあて先のコンピュータで，IPパケットのフラグメントの再構成の途中，フラグメントを待っている間に時間切れが起ったためである（図9.7）。

フラグメント再構成はIPパケットのすべてのフラグメントを集める作業である。IPパケットが最初に到着したとき，受信したコンピュータはタイマーを起動する。もし，IPパケットのすべてのフラグメントが到着しない前にタイマーが切れるとエラーと見なし，コード＝1がそのエラーを報告するために使われる。

タイプ＝11，コード＝0　はTTL＝0
タイプ＝11，コード＝1　はフラグメント再構成時間オーバー

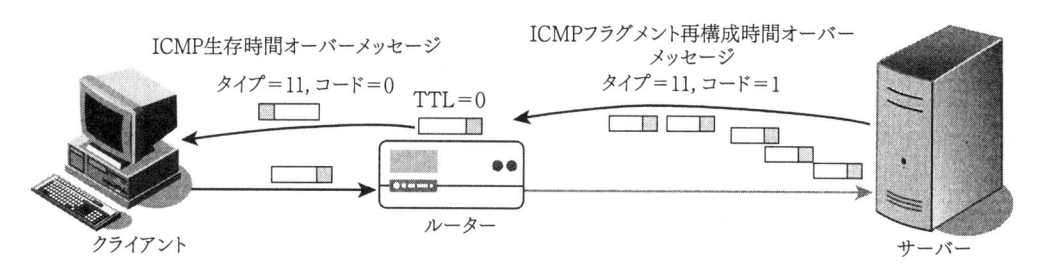

図9.7 生存時間オーバー

9.2.2 ネットワーク管理コマンド

ping コマンド

IPレベルで指定したコンピュータとつながるかどうかを確認すると同時に，パケットが往復する時間などを調べるのがpingコマンドである。pingの対象となるネットワーク通信機器，つまりエコー応答を返してくれる機器はICMPのプロトコルが備わっている必要がある。すなわち，OSI基本参照モデルの第3層で動くルーターやL3スイッチ，サーバーなどが対象となる。IPを理解しないスイッチングハブはエコー応答を返さないので対象外である。

pingコマンドの実行はインターネットにつないだパソコンのDOSプロンプト画面から，次のコマンドを入力する。

　　　　ping　（オプション・パラメータ）　IPアドレス

表9.2にオプション・パラメータの一覧と意味を示す。

表9.2　pingのオプション・パラメータ一覧

オプション	意味
-t	パケットの送受信を繰り返す。停止するときは「Ctrl」＋「C」
-a	指定されたあて先IPアドレスを，DNSから取得（逆引き）して，表示する。
-n	パケットの送受信の回数を指定する。
-ℓ	パケットデータサイズを指定する。デフォルトは32バイトである。
-f	IPパケットの分割（フラグメント化）を禁止する。
-i	パケットのTTLを指定した値に設定する。
-v	パケットのサービスタイプ（Type of Service）を指定された値に設定する。
-r	IPパケットのオプション部に，経由したルーターのアドレスを最大9個まで記憶する。
-s	IPパケットのオプション部に，経由したルーターのアドレスと時間を4個まで記憶する。
-j	経由すべきルーターのアドレスを最大9まで指定する。指定されていないルーターも経由する。
-k	経由すべきルーターのアドレスを最大9まで指定できる。指定されていないルーターは経由しない。
-w	タイムアウト時間を指定する。単位はミリ秒である。

第9章 制御用のプロトコル ICMP　*141*

　実例として，DOSコマンドを入力画面から，ping 192.168.11.1 を入力してみよう。

　ICMPのエコー要求とエコー応答は図9.8に示すように，
　　エコー要求は，タイプ＝8，コード＝0，識別子＝100，シーケンス番号＝200
　　エコー応答は，タイプ＝0，コード＝0，識別子＝100，シーケンス番号＝200
である。識別子，シーケンス番号はエコー要求とエコー応答では同じ値となる。

　エコー応答が返り，ディスプレイ画面上には，図9.9のようにエコー応答が表示される。

（1）エコー要求

　pingを実行すると，図9.8のようにあて先サーバーに向けてICMPの「エコー要求」メッセージが送られる。このメッセージは，タイプ＝8，コード＝0の他に，それぞれ16ビットの「識別子」と「シーケンス番号」が付け加えられる。

　識別子はpingコマンドが実行している間，送り出すすべてのパケットに同じ値をいれる。シーケンス番号は，パケットを1つ送り出すごとに1つ数を増やしていく。

　ダミー・データはpingでやりとりするパケットサイズを調整するために用いられる。

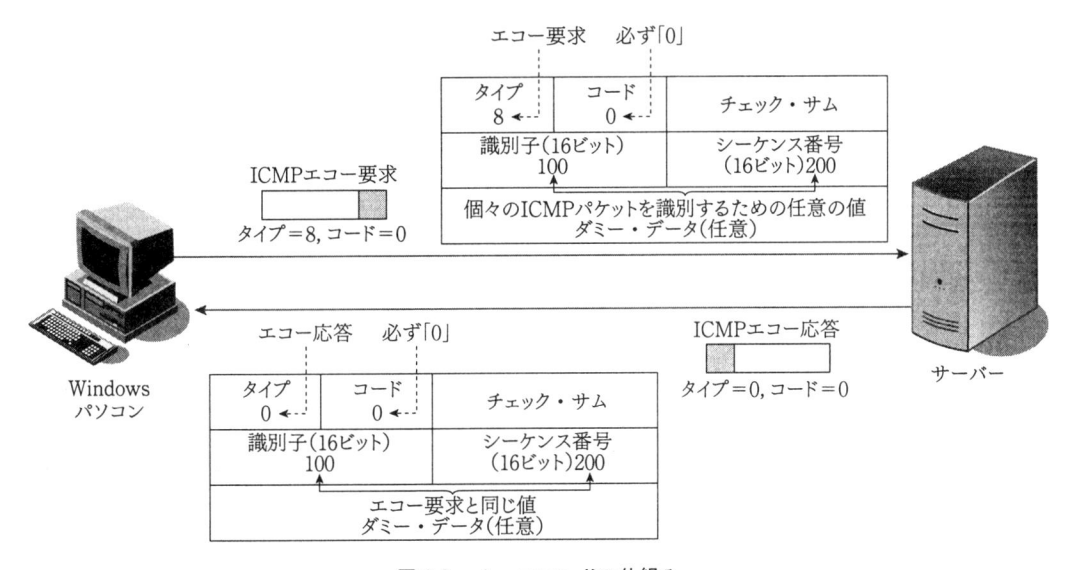

図9.8　pingコマンドの仕組み

（2）エコー応答

　ICMPエコー要求がサーバーに届くと，図9.8の下部に示すように，サーバーはこれに応えて「エコー応答」というメッセージを送信元に返す。このメッセージは，タイプ＝0，コード＝0である。ここでの「識別子」と「シーケンス番号」はエコー要求と同じ値である。

```
C:¥Documents and Settings¥Administrator＞ping 192.168.11.1
                                                     ┘
                                              あて先のIPアドレス
       Pinging 192.168.11.1 with 32 bytes of data：

       Reply from 192.168.11.1：bytes＝32 time＜10ms TTL＝64
       Reply from 192.168.11.1：bytes＝32 time＜10ms TTL＝64   pingコマンドの
       Reply from 192.168.11.1：bytes＝32 time＜10ms TTL＝64   実行結果
       Reply from 192.168.11.1：bytes＝32 time＜10ms TTL＝64

       Ping statistics for 192.168.11.1：
       Packets Sent＝4, Received＝4, Lost＝0 ( 0 % loss),     統計値を表示
       Approximate round trip times in milli-seconds：
       Minimum＝0 ms, Maximum＝0 ms, Average＝0 ms
```

図9.9　応答が帰ってきた表示画面

　送信元のパソコンは，エコー応答を受け取ることで，あて先サーバーが稼働していることを確かめられる。図9.9はエコー応答を受け取ったパソコンの画面である。デフォルトでは4回のパケットのやり取りをする。bytesは送信したデータのサイズで，timeは往復にかかった時間である。また統計値として，パケット数や往復時間の平均値を表示する。

　図9.9では，4つのReplyが表示されている。これは4回Echo Requestを投げて，4回ともEcho Replyを受信したということである。ここで，bytes＝32とあるが，ICMPパケットのデータサイズが32バイトである，ということである。これはオプション・パラメータ−ℓ（エル）をつけることによって，変更することができる。ping −ℓ 200 192.168.11.1のようにすると200バイトのデータを送ることになる。データサイズが大きくなると，伝送時間（time＝○○ msで表される。）は増大する。

　この伝送時間をラウンドトリップ時間（Round Trip Time）という。あて先まで行って返ってくるまでの時間である。ネットワークの遅延を測定するための重要なパラメータである。

　TTLはTime to Liveの値である。ここではOSがデフォルト値として64を設定している。

〈エコーが帰ってこない場合〉

　エコーは必ず帰ってくるとは限らない。図9.10のように「Request timed out」のように表示される場合がある。pingコマンドで「Request timed out」の原因は3つある。それらは，①あて先にサーバーが存在しない。②パケットのやりとりに時間がかかりすぎてタイムアウトになってしまう。③あて先のサーバーがpingに応答しないように設定されている。

　このうち②はpingの引数で時間を指定することによりタイムアウトまでの時間をのばすことができる。①と③では原因が判断できない。したがって，pingコマンドでは相手が存在していないことは必ずしも確認できないということになる。

```
C:¥Documents and Settings¥Administrator＞ping 203.216.247.249

Pinging 203.216.247.249 with 32 bytes of data：

    Request time out.
    Request time out.    ┐ 一定時間経っても応答
    Request time out.    ┘ が返ってこない。
    Request time out.

Ping statistics for 203.216.247.249：
Packets Sent＝4, Received＝0, Lost＝0（100％ loss），
Approximate round trip times in milli-seconds：
Minimum＝0 ms, Maximum＝0 ms, Average＝0 ms
```

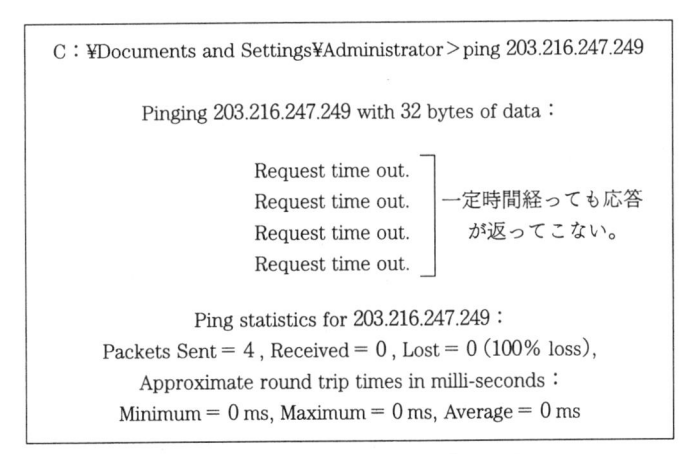

図 9.10　応答が帰ってこない表示画面

9.3　セキュリティ

　ICMP のエコー要求はセキュリティを弱める原因となる。利用する際には ICMP とセキュリティのバランスの上で運用しなければならない。ICMP エコー要求に対しては，セキュリティを考慮して，ルーターなどの通信機器ではエコー応答を返さないように設定することができる。近頃では，ほとんどのルーターでエコー応答を返さないようになっている。では，クラッカが ICMP を利用して，どのように"悪さ"をしているか，ping フラッドと smurf の攻撃をみてみよう。

（1）ping フラッド
　フラッド（flood）とは洪水を意味する。ping フラッドは大量の ICMP エコー要求を洪水のように連続的にターゲットに送り出し，トラブルを発生させることである。すなわち，ICMP エコー要求パケットの洪水である。ターゲットとなるコンピュータは大量のエコー要求に対して，エコー応答に手一杯になり，本来の処理ができなくなる（図 9.11）。
　また，ネットワークについても大量のエコー要求とエコー応答パケットが飛び交い，ふくそう（輻輳），すなわち混雑が発生する。このために，スループットが低下するなど，困った事態に陥る。

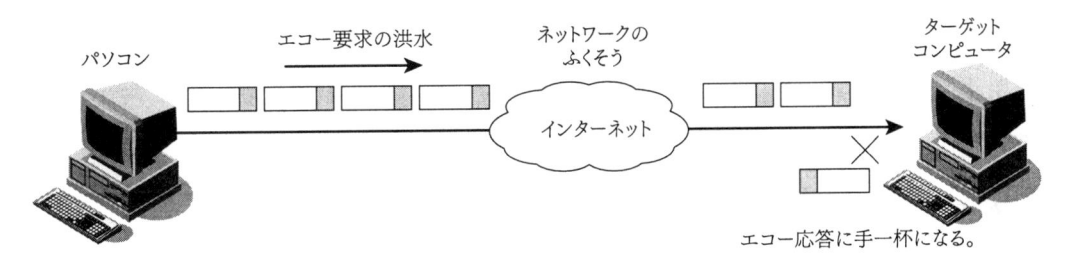

図 9.11　ping フラッド

（2）smurf（スマーフ）

smurfもICMPエコー要求に対するエコー応答パケットの悪用である。Smurfではpingフラッドと異なり，さらに巧妙な細工が施されてエコー応答パケット数が増幅され，多量のパケットがターゲットに襲いかかることになる。

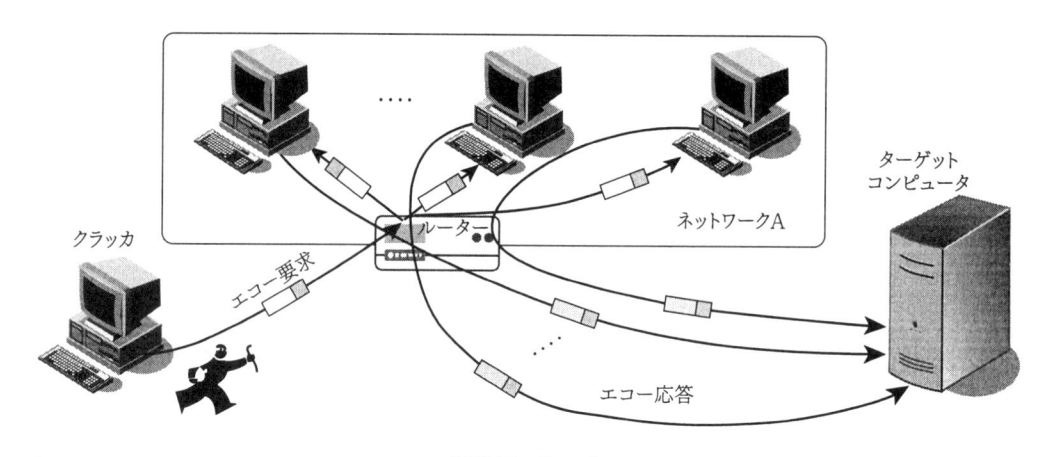

図9.12　Smurf

図9.12にクラッカが攻撃するsmurfの流れを示す。クラッカが偽装した「ICMPエコー要求」のパケットがネットワークAの入り口にあるルーターまでくる。そのルーターが踏み台となり，これがテコ（梃子）となる。ルーターはネットワークA内のすべてのパソコンにエコー要求をだす。100台のパソコンがあれば，それらすべてにエコー要求が届くわけである。

エコー要求に対して受け取ったパソコン100台は，エコー応答を送り返す。このときエコー応答は100倍に増幅されている。この増幅されたエコー応答が向かう先はクラッカのパソコンではなく，偽装された攻撃目標のコンピュータである。

smurfはpingフラッドと異なり，ターゲット・コンピュータはエコー応答を返さなくても済む。しかし，膨大なエコー応答を受けたサーバーは本来の処理ができなくなる。また，ネットワークがふくそうして，パンクするかもしれない。

このようにICMPパケットが届くこと自体が，コンピュータにとって困る攻撃である。

【練習問題】

問題1　ICMPの主なエラー通知を4つあげなさい。

問題2　中継機器からのエラー通知について，次の問題に答えなさい。

（1）IPパケットが1500バイトでDF＝1に設定されている。到達したルーター

の先の伝送回線は MTU = 600 バイトである。

① ICMP はどのようなメッセージを送信元に送るか？

タイプ：＿＿＿＿＿＿＿，　　コード：＿＿＿＿＿＿＿

意味：＿＿＿＿＿＿＿＿＿＿＿＿＿＿＿＿＿＿＿＿＿＿＿＿＿＿

② 送信元では送られたエラー通知に対して，どのような処理をするか？

処理内容：＿＿＿＿＿＿＿＿＿＿＿＿＿＿＿＿＿＿＿＿＿＿＿＿

（2）LAN 内に複数のルーターが存在するとき，リダイレクトが通知された。

① ICMP はどのようなメッセージを送信元に送るか？

タイプ：＿＿＿＿＿＿＿，　　コード：＿＿＿＿＿＿＿

意味：＿＿＿＿＿＿＿＿＿＿＿＿＿＿＿＿＿＿＿＿＿＿＿＿＿＿

② 送信元では送られたメッセージに対して，どのような処理をするか？

処理内容：＿＿＿＿＿＿＿＿＿＿＿＿＿＿＿＿＿＿＿＿＿＿＿＿

（3）ルーターでふくそうが発生したので，ICMP はエラー通知をだす。

① ICMP はどのようなメッセージを送信元に送るか？

タイプ：＿＿＿＿＿＿＿，　　コード：＿＿＿＿＿＿＿

意味：＿＿＿＿＿＿＿＿＿＿＿＿＿＿＿＿＿＿＿＿＿＿＿＿＿＿

② 送信元では送られたエラー通知に対して，どのような処理をするか？

処理内容：＿＿＿＿＿＿＿＿＿＿＿＿＿＿＿＿＿＿＿＿＿＿＿＿

問題 3 クラッカが ICMP を悪用する，次の 2 つの方法について説明しなさい。
（1）ping フラッド
（2）smurf

問題 4 《パケット 17》，《パケット 18》について，次の設問に答えなさい。

《パケット17》
```
0000 00 16 01 1E 82 54 00 20 - ED 3F 74 02 08 00 45 00
0010 00 3C 15 78 00 00 80 01 - 8D F4 C0 A8 0B 03 C0 A8
0020 0B 01 08 00 3E 5C 02 00 - 0D 00 61 62 63 64 65 66
0030 67 68 69 6A 6B 6C 6D 6E - 6F 70 71 72 73 74 75 76
0040 77 61 62 63 64 65 66 67 - 68 69
```

《パケット18》
```
0000 00 20 ED 3F 74 02 00 16 - 01 1E 82 54 08 00 45 00
0010 00 3C 1B 20 40 00 40 01 - 88 4C C0 A8 0B 01 C0 A8
0020 0B 03 00 00 46 5C 02 00 - 0D 00 61 62 63 64 65 66
0030 67 68 69 6A 6B 6C 6D 6E - 6F 70 71 72 73 74 75 76
0040 77 61 62 63 64 65 66 67 - 68 69
```

（1）《パケット 17》，《パケット 18》を解析テーブルに記入しなさい。
　　　① 《パケット 17》の解析テーブル

② 《パケット18》の解析テーブル

MACフレーム

6バイト	6バイト	2バイト		
あて先MACアドレス	送信元MACアドレス	タイプ	IPパケット	FCS

1	8	16	24	32
バージョン	ヘッダ長	サービスタイプ	全パケット長	
識別子			フラグ	断片オフセット
生存時間	プロトコル		ヘッダ・チェックサム	
送信元IPアドレス				
あて先IPアドレス				
タイプ	コード		ヘッダ・チェックサム	
オプション・データ（任意サイズ）				

（右側にIPヘッダ／ICMPデータの範囲表示）

（2）《パケット17》において次の問いに答えなさい。

　① あて先IPアドレス（10進数表示）：＿＿＿＿＿＿＿

　② プロトコル：＿＿＿＿＿，上位のプロトコル名：＿＿＿＿＿

　③ IPパケットの全パケット長（10進数表示）：＿＿＿＿＿＿＿バイト

　④ タイプ：＿＿＿＿，コード：＿＿＿＿，意味：＿＿＿＿＿＿

（3）《パケット18》において次の問に答えなさい。

　① あて先IPアドレス（10進数表示）：＿＿＿＿＿＿＿

　② タイプ：＿＿＿＿，コード：＿＿＿＿，意味：＿＿＿＿＿＿＿＿

解答

問題2

(1) ① タイプ：3，コード：4，
　　　意味：IPパケットの分割が必要であるが，DF＝1になっているので分割ができず，IPパケットは破棄された。
　　② 分割して再度送信する。

(2) ① タイプ：5，コード：1，
　　　意味：送信元に最適経路を通知する。
　　② ICMP Redirect Messageで指定されたルーターにIPパケットを再度送信する。

(3) ① タイプ：4，コード：0，
　　　意味：送信元にIPパケットの送り出しを抑えるように促す。
　　② 送信元では，IPパケットの送り出しを抑える。

問題4

(1)

《パケット17》のMACフレーム

6バイト	6バイト	2バイト		
あて先MACアドレス 00 16 01 1E 82 54	送信元MACアドレス 00 20 ED 3F 74 02	タイプ 08 00	IPパケット	FCS

1	8	16	24	32
バージョン 4	ヘッダ長 5	サービスタイプ 00	全パケット長 00 3C	
識別子 15 78		フラグ 000(2)	断片オフセット 0 0000 0000 0000(2)	
生存時間 80	プロトコル 01 (上位のプロトコルは)	ヘッダ・チェックサム 8D F4		
送信元IPアドレス C0 A8 0B 03				
あて先IPアドレス C0 A8 0B 01				
タイプ 08	コード 00	ヘッダ・チェックサム 3E 5C		
オプション・データ（任意サイズ） 02 00 0D 00 61 62 63 64 65 66 67 68 69 6A 6B 6C 6D 6E 6F 70 71 72 73 74 75 76 77 61 62 63 64 65 66 67 68 69				

《パケット18》のMACフレーム

6バイト	6バイト	2バイト		
あて先MACアドレス 00 20 ED 3F 74 02	送信元MACアドレス 00 16 01 1E 82 54	タイプ 08 00	IPパケット	FCS

1	8	16	24	32
バージョン 4	ヘッダ長 5	サービスタイプ 00	全パケット長 00 3C	
識別子 1B 20		フラグ 010(2)	断片オフセット 0 0000 0000 0000(2)	
生存時間 40	プロトコル 01 (上位のプロトコルは)	ヘッダ・チェックサム 88 4C		
送信元IPアドレス C0 A8 0B 01				
あて先IPアドレス C0 A8 0B 03				
タイプ 00	コード 00	ヘッダ・チェックサム 46 5C		
オプション・データ（任意サイズ） 02 00 0D 00 61 62 63 64 65 66 67 68 69 6A 6B 6C 6D 6E 6F 70 71 72 73 74 75 76 77 61 62 63 64 65 66 67 68 69				

(2)

① あて先IPアドレス（10進数表示）：__192.168.11.1__

② プロトコル：__01__，上位のプロトコル名：__ICMP__

③ IPパケットの全パケット長（10進数表示）：__60__

④ タイプ：__08__，コード：__00__，意味：__エコー要求__

（3）
　① あて先IPアドレス（10進数表示）：　192.168.11.3　
　② タイプ：　00　，コード：　00　，意味：　エコー応答

第10章
アドレス解決／名前解決

学習のポイント

IPアドレスからMACアドレスを求めることをアドレス解決という。またドメイン名からIPアドレスを求めることを名前解決という。本章では，アドレス解決と名前解決の仕組みについて学習する。

☆　アドレス解決
☆　ARPの機能
☆　名前解決
☆　DNSサーバー

アプリケーション層
プレゼンテーション層
セッション層
トランスポート層
ネットワーク層
データリンク層
物理層

10.1 アドレス解決

あて先IPアドレスを手がかりに，次に受け取るパソコンのMACアドレスを知りたいときに，IPはARPに依頼して調べてもらう（ARPはAddress Resolution Protocolの略で，アープと読む）。このように，IPアドレスからMACアドレスを求めることを**アドレス解決**という。

（1）あて先MACアドレスの調査

IPプロトコルは，あて先IPアドレスを知っている。しかし，IPがIPパケットを次のデータリンク層に渡す。MACフレームを作るのであるが，あて先のMACアドレスがわからない。そこで，IPは同じネットワーク層にあるARPに依頼してIPアドレスから「あて先MACアドレス」を調べてもらう（図10.1）。

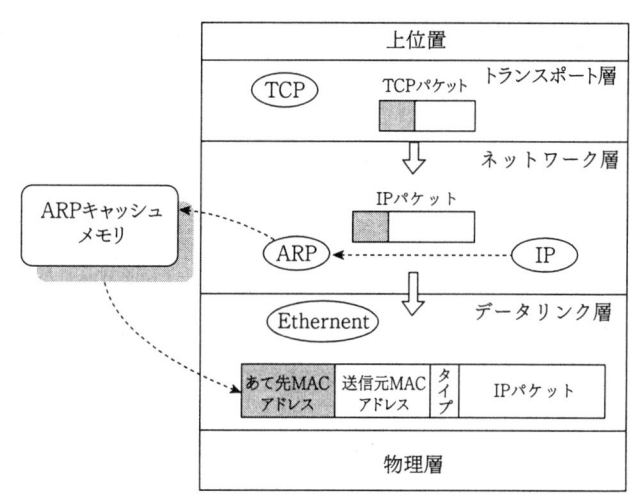

図10.1 ARP動作の流れ

ARPがMACアドレスを調べるプロセスを見てみよう。ARPはIPアドレスの調査を依頼されると，次の3つの動作によってMACアドレスを調べる。

① ARP要求 → ② ARP応答 → ③ ARPキャッシュ記録

ARP要求／ARP応答のフレームはMACフレームに乗せられて，図10.2のようなフォーマットのパケットとして送信される。

6バイト	6バイト	2バイト	28バイト	4バイト
あて先MACアドレス	送信元MACアドレス	タイプ	ARPフレーム	FCS

- ハードウエアタイプ：00 01 Ethernent／00 06 IEEE8802.3
- プロトコルタイプ：ARPがアドレス解決を提供するプロトコルタイプ。IPアドレス解決は0800に設定
- MACアドレスの長さ：6バイトに設定
- IPアドレスの長さ：4バイトに設定
- オペレーションコード：ARPフレームのタイプを示す。ARP要求＝1，ARP応答＝2
- 送信元MACアドレス
- 送信元IPアドレス
- 目標MACアドレス（あて先MACアドレス）：ARP要求の場合はすべて0が入る
- 目標IPアドレス（あて先IPアドレス）

図10.2 ARPフレームのフォーマット

この動作を説明するために、あて先IPアドレス「192.168.30.100」のMACアドレスを求めてみよう。

① ARP要求

IPはARPにIPアドレス「192.168.30.100」のMACアドレスの調査を依頼する。ARPはLANにつながっているパソコンに、ARP要求パケットをブロードキャストで「192.168.30.100」のMACアドレスを訪ねる。これがARP要求である（図10.3）。

ARP要求パケットのARPフレームの項目には、

目標IPアドレス：192.168.30.100

オペレーションコード：1（ARP要求は1）

目標MACアドレス：00-00-00-00-00-00（まだわからないので0が入る）

MACフレームの先頭の「あて先MACアドレス」はブロードキャストであるので、FF-FF-FF-FF-FF-FFが入る。

ARP要求パケットのMACフレームを受け取ったパソコンは、自分のIPアドレス宛であれば、このMACフレームを受け取る。MACフレームを受け取ったパソコンは、自分のMACアドレスをARP応答のパケットで返す。

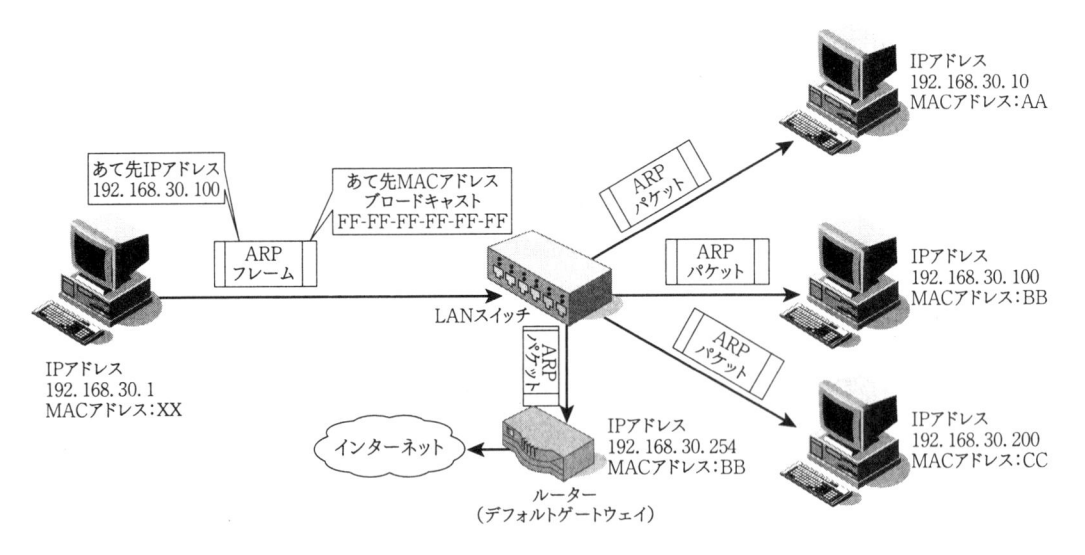

図10.3 ブロードキャストによるARP要求

② ARP応答

LANにつながるすべてのパソコンがARP要求パケットを受け取ると、「目標IPアドレス」に書かれたIPアドレスを取り出して、自分宛のものか調べる。自分宛でなければ無視して何の応答もしない。あて先のパソコンが同一のLANにないときは、ARPはデフォルトゲートウェイで指定されたルーターが受け取る。

自分宛であれば、ARP応答パケットの「送信元MACアドレス」に自分のMACアドレスを記入して送り返す（図10.4）。

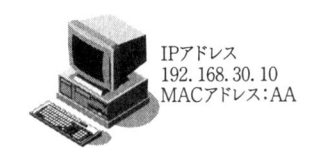

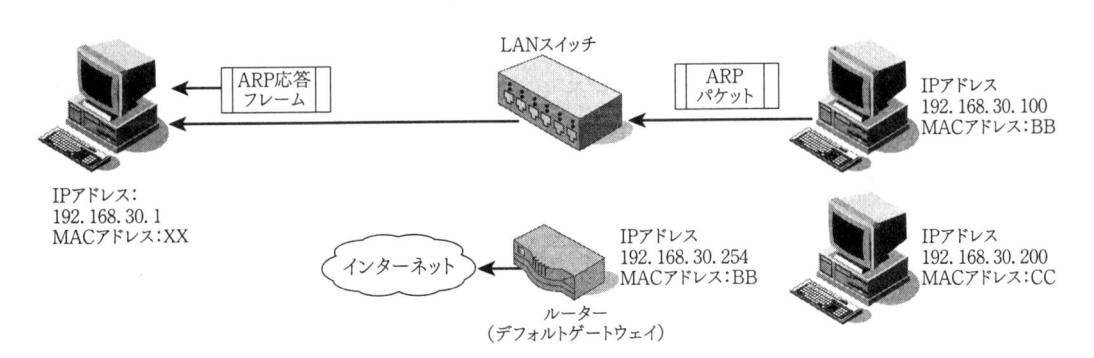

図10.4　ユニキャストによるARP応答

図 10.4 のように，IP アドレス「192.168.30.100」のパソコンが ARP 応答を返すとき，ARP フレームには，次の値が入る。

目標 IP アドレス： 192.168.30.1
目標 MAC アドレス：XX
送信元 IP アドレス： 192.168.30.100
送信元 MAC アドレス：BB
コード： 2（ARP 応答を示す。）

応答の MAC フレームはユニキャストであるから，あて先 MAC アドレスは XX となる。

③　ARP キャッシュへの記録

ARP 応答を見て，あて先 MAC アドレスがわかったので，ARP は IP アドレスと MAC アドレスの対応表を「ARP キャッシュ」というメモリ領域に記憶する。これによって，後に同じ IP アドレスにデータを送る際に，ARP で再度探す必要はなく，ARP キャッシュを見るだけで MAC アドレスがわかる。

・2 分間だけキャッシュに記憶

デフォルトでは ARP キャッシュに 2 分間だけ記録する。2 分間が経過すると消えてしまう。これはパソコンの IP アドレスが，いつまでも同じであるとは限らないからである。IP アドレスが変わると MAC アドレスと IP アドレスの対応関係も変わってしまう。このために，いつまでも古い情報を残さないように，情報保持時間を設けてある。

・2 分間の記憶理由

ARP キャッシュの保持時間は短すぎてもよくない。ARP キャッシュにデータがないと，ARP 要求というブロードキャスト・フレームが頻繁に発生するからである。そうなると，LAN がブロードキャスト・フレームで埋め尽くされて，通信に支障をきたす危険性がある。

・ARP キャッシュの内容を見る。

ARP キャッシュの内容は，パソコンのメモリに記憶されており，見ることができる。MS-DOS コマンドプロンプトを起動して，次のコマンドを入力する。

>arp -a

その結果，IP アドレスと MAC アドレスのセットが表示される。表 10.1 は ARP キャッシュに記憶されたアドレスの対応表の例である。「インターネットアドレス」の項目が IP アドレス，「物理アドレス」の項目が MAC アドレスである。種類には「動的」と「静的」がある。「動的」は ARP によってキャッシュされた情報である。「静的」はあらかじめ決められた IP アドレスと MAC アドレスである。

表 10.1 ARP キャッシュの内容

C:¥Users >arp -a		
インターフェイス：192.168.11.6…0x9		
インターネットアドレス	物理アドレス	種類
192.168.11.1	00-16-01-DA-13-8E	動的
192.168.11.255	FF-FF-FF-FF-FF-FF	静的
224.0.0.22	01-00-5E-00-00-16	静的

（2）ARP フレームの解析

ARP フレームは図 10.2 のような構造である。MAC フレームのヘッダ項目の「タイプ」は，ARP フレームの場合は，「0806」が設定される。次に ARP のキャプチャ情報を解析してみよう。

《ARP 要求パケット 1》

```
0000  FF FF FF FF FF FF 00 20 - ED 3F 74 02 08 06 00 01
0010  08 00 06 04 00 01 00 20 - ED 3F 74 02 C0 A8 01 96
0020  00 00 00 00 00 00 C0 A8 - 01 FE 00 00 00 00 00 00
0030  00 00 00 00 00 00 00 00 - 00 00 00 00
```

まず，MAC フレーム表に記入すると，図 10.5 のようになる。あて先 MAC アドレスが FF-FF-FF-FF-FF-FF であるので，ブロードキャストで LAN 内のすべてのパソコンに MAC フレームを送信する。また，タイプが 0806 であるので MAC フレームが ARP フレームを運んでいることを示す。FCS はキャプチャできない項目であるのでここには入っていない。

6 バイト	6 バイト	2 バイト	28 バイト	6 バイト
あて先 MAC アドレス FF FF FF FF FF FF	送信元 MAC アドレス 00 20 ED 3F 74 02	タイプ 08 06	ARP フレーム	FCS

図 10.5 ARP 要求の MAC フレーム

ARPフレームについては，図10.2に数値を入れると図10.6のようになる。図10.6から見られるように，ハードウエアタイプは0001で，Ethernentであることを示す。プロトコルタイプはIPプロトコルを示す0800である。したがってIPからMACアドレスの調査を依頼されたことを示す。オペレーションコードは0001でARP要求である（これが0002では，ARP応答である）。

目標MACアドレスは，求めようとしているMACアドレスであるので，まだわからないので6バイトすべて0が設定される。

ハードウエアタイプ	00	01				
プロトコルタイプ	08	00				
MACアドレスの長さ	06					
IPアドレスの長さ	04					
オペレーションコード	00	01				
送信元MACアドレス	00	20	ED	3F	74	02
送信元IPアドレス	C0	A8	01	96		
目標MACアドレス（あて先MACアドレス）	00	00	00	00	00	00
目標IPアドレス（あて先IPアドレス）	C0	A8	01	FE		

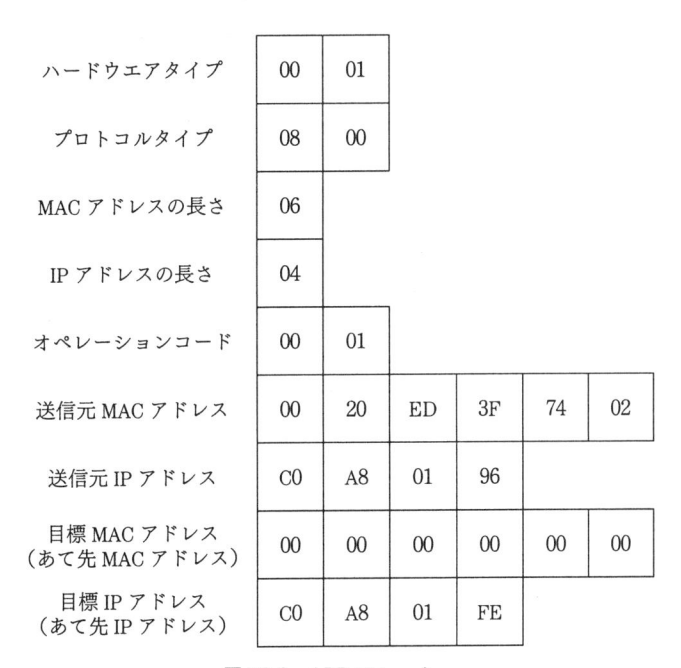

図10.6　ARPフレーム

10.2　名前解決

インターネットでは，IPアドレスで相手を特定する。しかし，IPアドレスは数字の組み合わせで，人間には扱いにくい。そこで人間に覚えやすいようにIPアドレスとは別の名前が用いられる。これがドメイン名である。

しかし，インターネットの場合，IPアドレスが必要である。そこで，ドメイン名に対してIPアドレスを対応づけるデータベースシステムが構築された。このシステムをDNS (Domain Name System)という。これを使うと，ドメイン名の問い合わせに対して，DNSは対応するIPアドレスを教えてくれる。このようにドメイン名からIPアドレスを割りだすことを，名前解決という。

ドメイン名を使うと，次の2つのメリットが考えられる。

（1）会社名や個人名をドメイン名に入れることができる。これによって覚えやすいドメ

イン名になる。
（2）ドメイン名は半永久的である。プロバイダを変えるとIPアドレスは変わるが，ドメイン名とIPアドレスの対応表を書き換えるだけで，従来と同じドメイン名を使うことができる。

10.2.1 ドメイン名の形式

URL「http://www.daito.ac.jp」を例に，図10.7を参照してドメイン名の構造を見てみよう。ドメイン名は基本的に「ホスト名，組織名，組織の種別，国名」の形式である。ホスト名はインターネットに接続されているコンピュータの名前，「www」はWebサーバーの名前を示す。そして，「daito」が組織名である。組織名は任意の名前を付けることができる。「ac」が組織の種別でacademyのはじめの2文字，「jp」が国名である。表10.2と表10.3にそれぞれ組織の種別，組織名を示した。

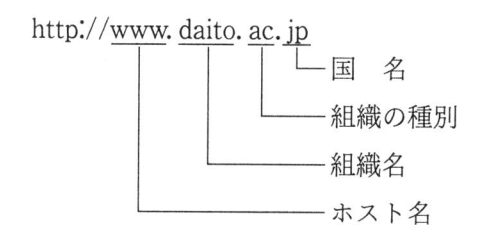

図10.7 ドメイン名の構成

表10.2 組織の種別を示すドメイン

組織の種別	ドメイン
企　業	co
政府機関	go
大学や研究機関	ac
学校（小，中，高）	ed
ネットワークサービスの提供機関	ne
その他の組織	or

表10.3 国名を示すドメイン

国　名	ドメイン
日　本	jp
韓　国	kr
中　国	cn
イギリス	uk
ドイツ	de
フランス	fr
イタリア	it

10.2.2 名前解決の流れ

DNSサーバーへの通信はUDPで行われる。この理由としてはデータが1つのパケットに収まるからである。UDPはTCPに比べて信頼性は低いが，軽いという特徴を生かして小さいデータを短時間でやりとりすることができる。

ローカルDNSサーバーはプロバイダや企業のシステム管理部門が用意するもので，クライアントは利用に先がけてローカルDNSサーバーのIPアドレスを初期設定しておかなけれ

ばならない⁽¹⁾。ローカル DNS サーバーにはキャッシュ記憶の機能があり，一度ゾーン情報を取得するとキャッシュメモリに記憶する。ここでゾーン情報はドメイン名，IP アドレスなどの登録情報を記入した対応表である（表10.4）。

表 10.4　ゾーン情報

ドメイン名	IP アドレス
www.daito.ac.jp	192.47.204.101
www.dokkyo.ac.jp	202.218.47.232
www.tus.ac.jp	133.31.180.210

ドメイン名から IP アドレスを求める例として，3つの場合について見てみよう。

(1) ローカル DNS サーバーにゾーン情報がない場合

ローカル DNS サーバーにゾーン情報が見つからないとき，外部の DNS サーバーに問い合わせる。インターネットでは世界中のドメイン名を取り扱わなければならない。1つの DNS サーバーではゾーン情報が大きすぎて対応ができない。そのために，複数の DNS サーバーが組み合わされた DNS サーバーシステムとして構築される（図10.8）。

ローカル DNS サーバーにドメイン名 www.daito.ac.jp のゾーン情報が見つからないとき，IP アドレスを求めるプロセスを追ってみよう。

① ローカル DNS サーバーに問い合わせ

Web ブラウザに www.daito.ac.jp と入力すると，まずクライアントのリゾルバが最寄りのローカル DNS サーバーに，このドメイン名のゾーン情報を問い合わせる。リゾルバは OS の TCP/IP に含まれるプログラムである。

リゾルバからの問い合わせに対して，キャッシュに情報があれば，すぐに答えることができるが，なければ別の DNS サーバーに問い合わせることになる。このとき，別の DNS サーバーに問い合わせるのはローカル DNS サーバーのリゾルバである。

② ルート・サーバーに問い合わせ

ローカル DNS サーバーのリゾルバは，まず最上位のルート・サーバーに問い合わせる。ルート DNS サーバーが持っている情報は，すぐ下の jp ドメインを管理する DNS サーバーの情報だけである。そのために，ルート・サーバーからは jp ドメインを管理する DNS サーバーの名前（XXXX）と IP アドレス（200.x.x.1）がローカル DNS サーバーに返される。

---

(1) 図8.5のように，手入力の場合はローカル DNS サーバーの IP アドレスを設定する。図8.6の「IP アドレスを自動取得する」の項目にチェックを入れると，DHCP によりローカル DNS サーバーの IP アドレスは自動設定される。

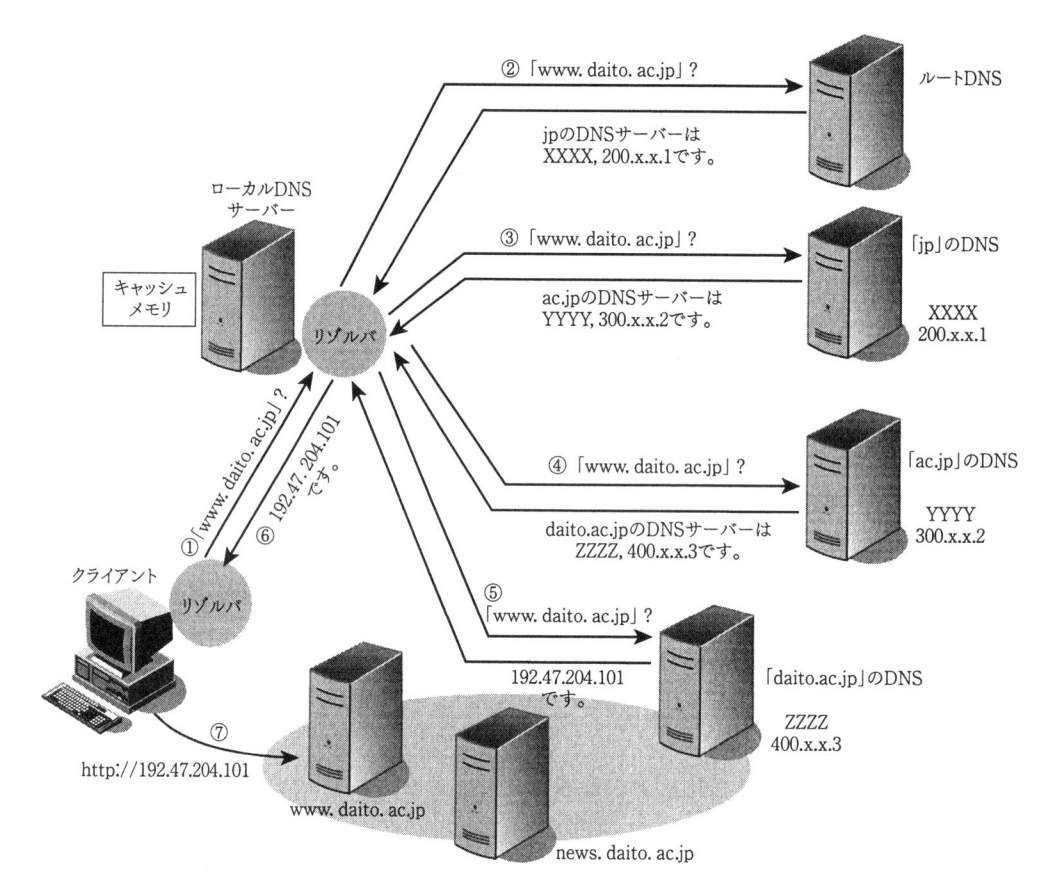

図10.8 複数のDNSサーバーで構成されたシステム

③ jpのDNSに問い合わせ

　これを受けてローカルDNSサーバーのリゾルバはjpドメインを管理するサーバー名XXXXのDNSサーバーに問い合わせる。その結果，ac.jpドメインを管理するDNSサーバーの名前（YYYY）とIPアドレス（300.x.x.2）がローカルDNSサーバーに返ってくる。

④ ac.jpのDNSに問い合わせ

　今度は，ローカルDNSサーバーはac.jpドメインを管理するサーバー名YYYYのDNSサーバーに問い合わせると，daito.ac.jpドメインを管理するDNSサーバーの名前（ZZZZ）とIPアドレス（400.x.x.3）がローカルDNSサーバーに返ってくる。

⑤ daito.ac.jpのDNSに問い合わせ

　最後に，ローカルDNSサーバーはdaito.ac.jpドメインを管理するサーバー名ZZZZのDNSサーバーに問い合わせ，www.daito.ac.jpのIPアドレス「192.47.204.101」をローカルDNSサーバーに返す。

⑥ IPアドレスをクライアントのリゾルバへ

　ローカルDNSサーバーはIPアドレス「192.47.204.101」をクライアントのリゾルバに教える。

⑦　Web ブラウザで開く

クライアントは Web ブラウザで IP アドレス「192.47.204.101」の Web サーバーにアクセスする。これで，ホームページを開く。

（2）キャッシュにゾーン情報

ローカル DNS サーバーにすでに，ドメイン名 www.daito.ac.jp と IP アドレスの対応表（ゾーン情報）がキャッシュされている場合がある。www.daito.ac.jp の問い合わせに対して，IP アドレスを教えてもらう処理のプロセスを見てみよう（図 10.9）。

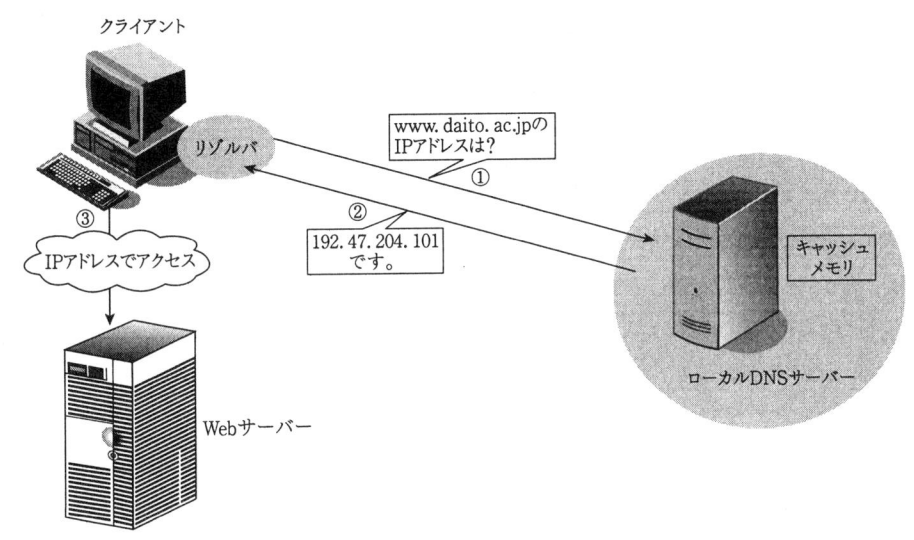

図 10.9　キャッシュにゾーン情報がある場合の名前解決の流れ

①　ローカル DNS サーバーに問い合わせ

クライアントの Web ブラウザはリゾルバを呼び出して，ドメイン名に対する IP アドレスを調べるようローカル DNS サーバーに依頼する。

②　ローカル DNS サーバーが応答

問い合わせを受けたローカル DNS サーバーはゾーン情報を見て，Web サーバーの IP アドレスは「192.47.204.101」であることを Web ブラウザのリゾルバに応答する。

③　Web サーバーにアクセス

クライアントのリゾルバは応答メッセージを受け取ると，その IP アドレス「192.47.204.101」を Web ブラウザに伝え，ホームページを開く。

（3）前の履歴から推測

ローカル DNS サーバーには，キャッシュ機能があるので，以前参照したドメイン名が残っていれば，直ちに解決できる。また似たようなドメイン名があればそこから問い合わせの DNS サーバーを推測する。

たとえば，図 10.10 においてホストが news.daito.ac.jp というドメイン名をローカル DNS

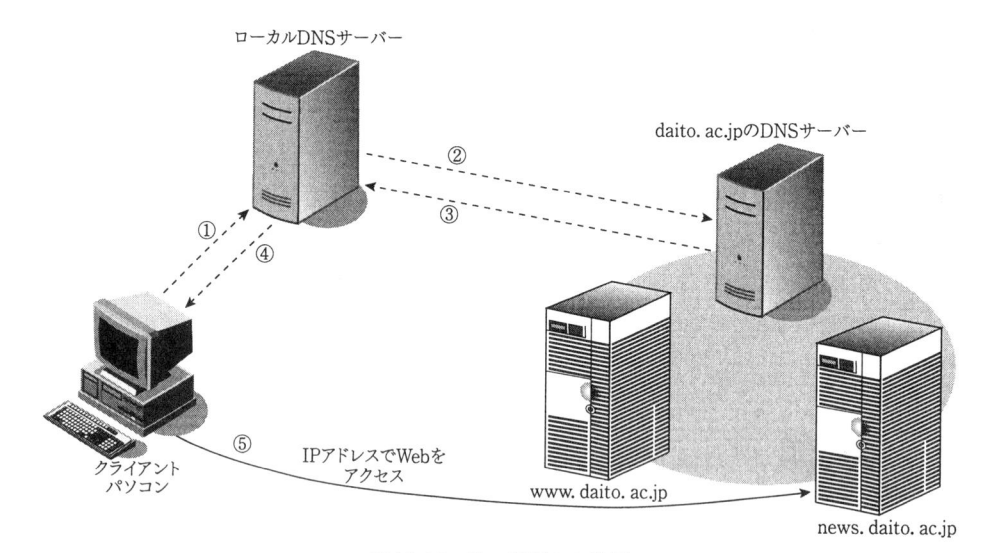

図 10.10 前の履歴から推測

サーバーに問い合わせたとき，ローカル DNS サーバーのキャッシュに www.daito.ac.jp という情報が見つかった。すると，ローカル DNS サーバーは www.daito.ac.jp を管理している daito.ac.jp なら news.daito.ac.jp も IP アドレスがわかるだろうと推測する。そして，daito.ac.jp に問い合わせる。

10.2.3 リカーシブクエリとインタラクティブクエリ

DNS サーバーへの問い合わせについてもう少し掘り下げてみよう。今後，クエリ（Query）という言葉がたびたび見受けられるが，「問い合わせ」という意味である。

（1）リカーシブクエリ

まず，クライアントのリゾルバがローカル DNS サーバーに「ドメイン名に対する IP アドレス」を問い合わせるが，この問い合わせはリカーシブクエリ（Recursive Query：再帰的問い合わせ）と呼ばれる。「答え」だけを要求するタイプの問い合わせである。すなわち，「答えを出す途中経過はいらないから，答えだけを教えて下さい。」という問い合わせである。

（2）インタラクティブクエリ

リカーシブクエリを受け取ったローカル DNS サーバーは，自分で解決できないときは，他の DNS サーバーに助けを求める。図 10.8 に見られるようにルート DNS サーバーから順に下位の DNS サーバーに助けを求める。このとき，ローカル DNS サーバーは各 DNS サーバーに送信するクエリはインタラクティブクエリ（Interactive Query：反復的問い合わせ）と呼ばれる。インタラクティブクエリは「相手が知っている範囲の最大限の情報をください。」という質問である。すなわち「知っている範囲でよいから教えて下さい。」という意味である。

第 10 章　アドレス解決／名前解決　**161**

　このインタラクティブクエリはルート DNS サーバーから下位層の「daito.ac.jp」の DNS サーバーまで繰り返される。それに対して，それぞれの DNS サーバーは自分が知っている最大限の情報を返す。このインタラクティブな問い合わせについては，クライアントにはわからない。

　図 10.11 は，ローカル DNS サーバーに「問い合わせ」と「回答」を PacMon Pro でキャプチャしたパケットである。《パケット 4》は「問い合わせ」のパケットで，その右側に，解

```
≪パケット4≫
----- DNSメッセージ -----
【識別子】55476 (OxD8B4)
【QRフラグ】0x0100(照会)
【ｵﾍﾟｺｰﾄﾞ】0(標準照会)
【質問数】1【回答数】0【権威数】0【追加情報数】0
----- 質問セッション1 -----
【照会名】www.daito.ac.jp.
【タイプ】1(Aレコード)
【クラス】1 (Internet)
```

```
≪パケット4≫
0000 00 16 01 DA 13 8E 08 04 - 48 61 CA 26 08 00 45 00
0010 00 3D 00 3C 00 00 80 11 - A3 20 C0 A8 0B 02 C0 A8
0020 0B 01 04 07 00 35 00 29 - 62 57 D8 B4 01 00 00 01
0030 00 00 00 00 00 00 03 77 - 77 77 05 64 61 69 74 6F
0040 02 61 63 02 6A 70 00 00 - 01 00 01
```

クライアント

DNS 問い合わせ →
← DNS 解答

ローカル DNS サーバー

```
≪パケット5≫
0000 08 04 48 61 CA 26 00 16 - 01 DA 13 8E 08 00 45 00
0010 00 96 00 00 40 00 40 11 - A3 03 C0 A8 0B 01 C0 A8
0020 0B 02 00 35 04 07 00 82 - 96 02 D8 B4 81 80 00 01
0030 00 01 00 02 00 02 03 77 - 77 77 05 64 61 69 74 6F
0040 02 61 63 02 6A 70 00 00 - 01 00 01 C0 0C 00 01 00
0050 01 00 00 35 D3 00 04 C0 - 2F CC 65 C0 10 00 02 00
0060 01 00 02 D8 D3 00 08 02 - 6E 73 02 69 63 C0 10 C0
0070 10 00 02 00 01 00 02 D8 - D3 00 09 06 70 6C 61 74
0080 6F 6E C0 40 C0 3D 00 01 - 00 01 00 00 35 D3 00 04
0090 C0 2F CC 46 C0 51 00 01 - 00 01 00 00 35 D3 00 04
00A0 C0 2F CC 4B
```

```
≪パケット5≫
----- DNS メッセージ -----
【識別子】55476 (OxD8B4)
【QRフラグ】0x8180(応答)
【ｵﾍﾟｺｰﾄﾞ】0(標準照会)
【AAフラグ】権威付き回答＝0
【TCフラグ】分割＝0
【RDフラグ】再帰要求＝1
【RAフラグ】再帰可能＝1
【ﾘﾀｰﾝｺｰﾄﾞ】0(OK)
【質問数】1【回答数】1【権威数】2【追加情報数】2
----- 質問ｾｸｼｮﾝ 1 -----
【照会名】www.daito.ac.jp.
【タイプ】1(Aレコード)
【クラス】1 (Internet)
----- 回答ｾｸｼｮﾝ 1 -----
【ﾄﾞﾒｲﾝ名】www.daito.ac.jp.
【タイプ】1(Aレコード)
【クラス】1 (Internet)
【TTL】13779秒
【ﾃﾞｰﾀ長】4(0x0004)ﾊﾞｲﾄ
【IPｱﾄﾞﾚｽ】192.47.204.101
----- 権威ｾｸｼｮﾝ1 -----
【ﾄﾞﾒｲﾝ名】daito.ac.jp.
【タイプ】2(NSレコード)
【クラス】1 (Internet)
【TTL】186579秒
【ﾃﾞｰﾀ長】8(0x0008)ﾊﾞｲﾄ
【NSレコード】ns.ic.daito.ac.jp.
```

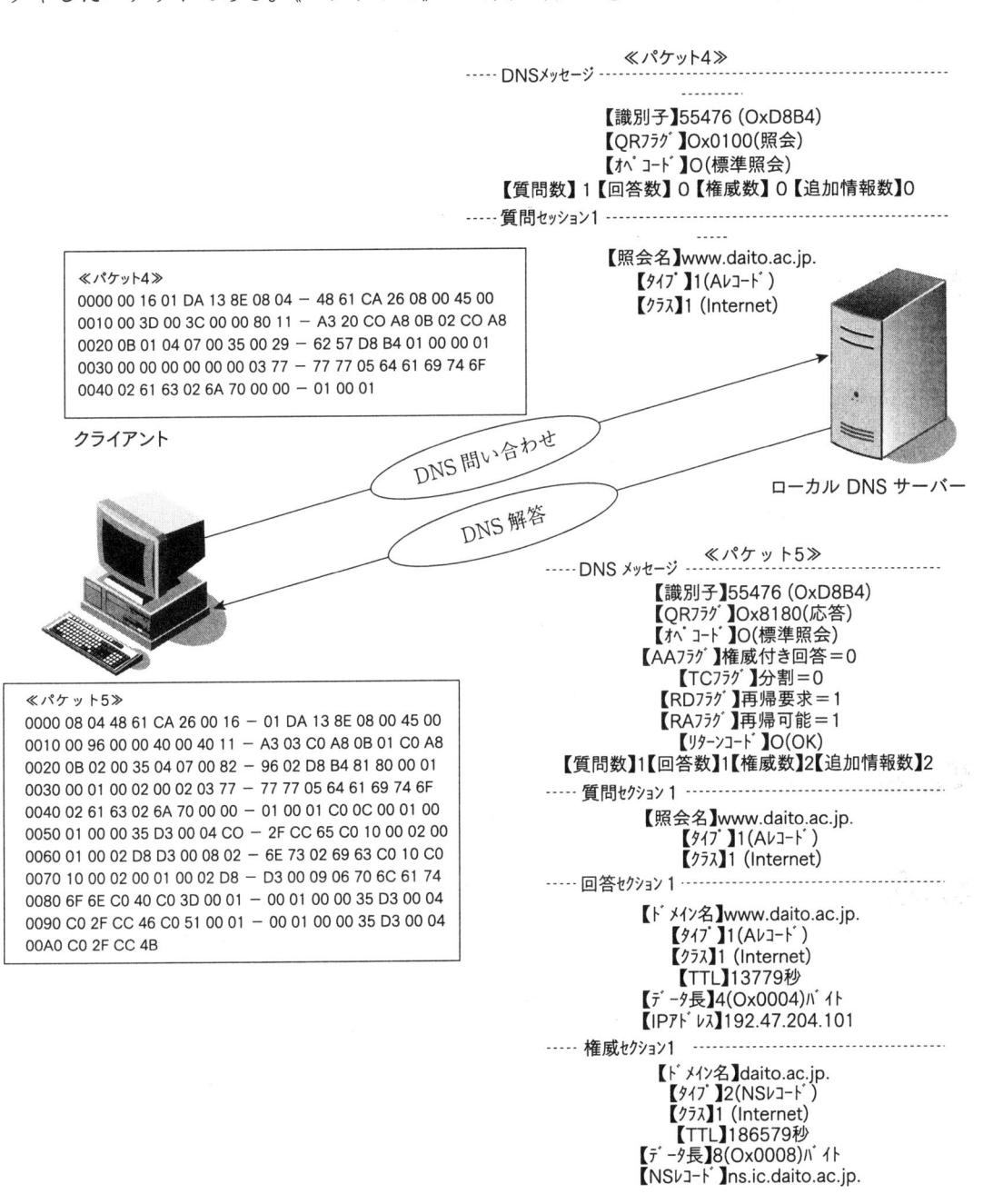

図 10.11　ローカル DNS サーバーへ問い合わせ／回答

析結果を示した。問い合わせの識別子は「D8B4」で，回答は同じ識別子となる。質問数は1である。照会名はwww.daito.ac.jpである。タイプは1（Aレコード）で，DNSサーバーはドメイン名に対するいろいろな情報を管理している。管理している情報の種類によってタイプが決まっており，ドメイン名とIPアドレスの対応情報は「Aレコード」（AはAddressの意味）と呼ばれる。

《パケット5》は「回答」のパケットで，識別子は「D8B4」で問い合わせの識別子と同じ値である。質問セクション1はDNS問い合わせの質問セクション1と同じである。回答セクション1に「IPアドレス」の項目に192.47.204.101がある。これがクライアントの知りたかったIPアドレスである。

【練習問題】

問題1 次の___に，選択肢から適当な語を選びなさい。

(1) ARPのフルネーム：＿＿＿＿＿＿ Resolution Protocol

(2) ARPはIPアドレスをもとに，何を求めるか：＿＿＿＿＿＿＿＿＿＿

(3) ARP要求の通信は：＿＿＿＿＿＿＿＿＿

(4) ARP応答の通信は：＿＿＿＿＿＿＿＿＿

```
─（選択肢）─────────────────────────
 Access    IP    TCP    Address    マルチキャスト
 あて先MACアドレス    ユニキャスト    ブロードキャスト
 UDP    DNS    ルート・サーバー    MSS
─────────────────────────────────
```

問題2 自分の所属するLAN上に目標IPアドレスが見つからないとき，ARPはどこの通信機器のMACアドレスをARP応答で返すか。

問題3 ARPキャッシュについて次の問に答えなさい。
(1) パソコンが，ARPキャッシュに記憶した情報を永久に保存しないのはなぜか。その理由を述べなさい。
(2) ARPキャッシュの保存時間が極端に短くなったらどんな問題が生ずるか。発生しうる問題を述べなさい。

第10章 アドレス解決／名前解決　163

問題4 《パケット1》について，次の設問に答えなさい。

```
0000  00 08 0D 0F BD 13 00 90 - FE 87 70 4B 08 06 00 01
0010  08 00 06 04 00 02 00 90 - FE 87 70 4B C0 A8 01 FE
0020  00 08 0D 0F BD 13 C0 A8 - 01 6B 00 00 00 00 00 00
0030  00 00 00 00 00 00 00 00 - 00 00 00 00
```

（1）《パケット1》について，次のテーブルに記入しなさい。

6バイト	6バイト	2バイト	28バイト	4バイト
			ARPフレーム	FCS

項目	値
ハードウェアタイプ	
プロトコルタイプ	
MACアドレスの長さ	
IPアドレスの長さ	
オペレーションコード	
送信元MACアドレス	
送信元IPアドレス	
目標MACアドレス（あて先MACアドレス）	
目標IPアドレス（あて先IPアドレス）	

（2）上のテーブルを見て，次の問題に答えなさい。

① MACフレームはユニキャストか，ブロードキャストか。：＿＿＿＿＿＿＿

② 送信元のMACアドレスは（16進数）：＿＿＿＿＿＿＿＿＿＿＿＿

③ 送信元のIPアドレスは（10進数）：＿＿＿＿＿＿＿＿＿＿

④ ARPキャッシュに記憶されるMACアドレスは（16進数）：＿＿＿＿＿＿

⑤ ARPフレームのオペレーションコードは何を示すか：＿＿＿＿＿＿＿

問題 5 次の＿＿に，選択肢から適当な語を選びなさい。

(1) DNS のフルネーム：＿＿＿＿＿＿Name System

(2) 名前解決は何をもとに IP アドレスを求めるか：＿＿＿＿＿＿

(3) ホストがローカル DNS サーバーに問い合わせるプログラム：＿＿＿＿＿

(4) ローカル DNS サーバーがゾーン情報を持っていない場合はどこに問い合わせるか：＿＿＿＿＿＿

```
（選択肢）
IP アドレス    Domain    マルチキャスト    リゾルバ
上位の DNS サーバー    ユニキャスト    ブロードキャスト
UDP    ドメイン名
```

問題 6 クライアントのリゾルバとローカル DNS サーバーとの通信に，UDP が用いられる理由を述べなさい。

問題 7 名前解決について，次の問題に答えなさい。
(1) クライアントはローカル DNS サーバーの IP アドレスをどのようにして知るか。
(2) クライアントがローカル DNS サーバーに対して行うクエリを何というか。
(3) ローカル DNS サーバーのリゾルバが他の DNS サーバーに行うクエリを何というか。

解　答

問題 1

(1) Address　(2) あて先 MAC アドレス　(3) ブロードキャスト
(4) ユニキャスト

問題 2

同じ LAN 上に IP アドレスが見つからないときは，デフォルトゲートウェイの MAC アドレスが ARP 応答で返される。ただし，パソコンの初期設定にデフォルトゲートウェイが設定されていなければならない。

第10章 アドレス解決／名前解決

問題 3

（1）パソコンのIPアドレスがいつまで同じであるとは限らないからである。IPアドレスが変わるとMACアドレスとの対応も変わってしまう。このためにいつまでも古い情報を残さないように，2分間の保持時間を設ける。

（2）ARPキャッシュにIPアドレスとMACアドレスの対応表がないと，ARP要求のブロードキャスト・フレームが頻繁に発生する。そうすると，LANがふくそう（輻輳）して通信に支障をきたす危険性がある。

問題 4

（1）

6バイト	6バイト	2バイト	28バイト	4バイト
あて先MACアドレス 00 08 0D 0F BD 13	送信元MACアドレス 00 90 FE 87 70 4B	タイプ 08 06	ARPフレーム	FCS

ハードウエアタイプ	00	01				
プロトコルタイプ	08	00				
MACアドレスの長さ	06					
IPアドレスの長さ	04					
オペレーションコード	00	02				
送信元MACアドレス	00	90	FE	87	70	4B
送信元IPアドレス	C0	A8	01	FE		
目標MACアドレス （あて先MACアドレス）	00	08	0D	0F	BD	13
目標IPアドレス （あて先IPアドレス）	C0	A8	01	6B		

（2）
　　① ユニキャスト　② 00-90-FE-87-70-4B　③ 192.168.1.254
　　④ 00-08-0D-0F-BD-13　⑤ ARP応答

問題 5

（1）Domain　（2）ドメイン名　（3）リゾルバ　（4）上位のDNSサーバー

問題 6

一回でやりとりする情報量が小さいDNSサーバーとのやりとりはUDPが使われ

る。パソコン側もサーバー側も1つの小さいパケットを投げるだけである。DNSとのデータのやりとりは軽さを重視してUDPが使われる。

問題7

（1）初期設定のローカルDNSサーバーのIPアドレスによる。
（2）リカーシブクエリ　（3）インタラクティブクエリ

Appendixes

1. MACヘッダ, IPヘッダ, TCPヘッダ表

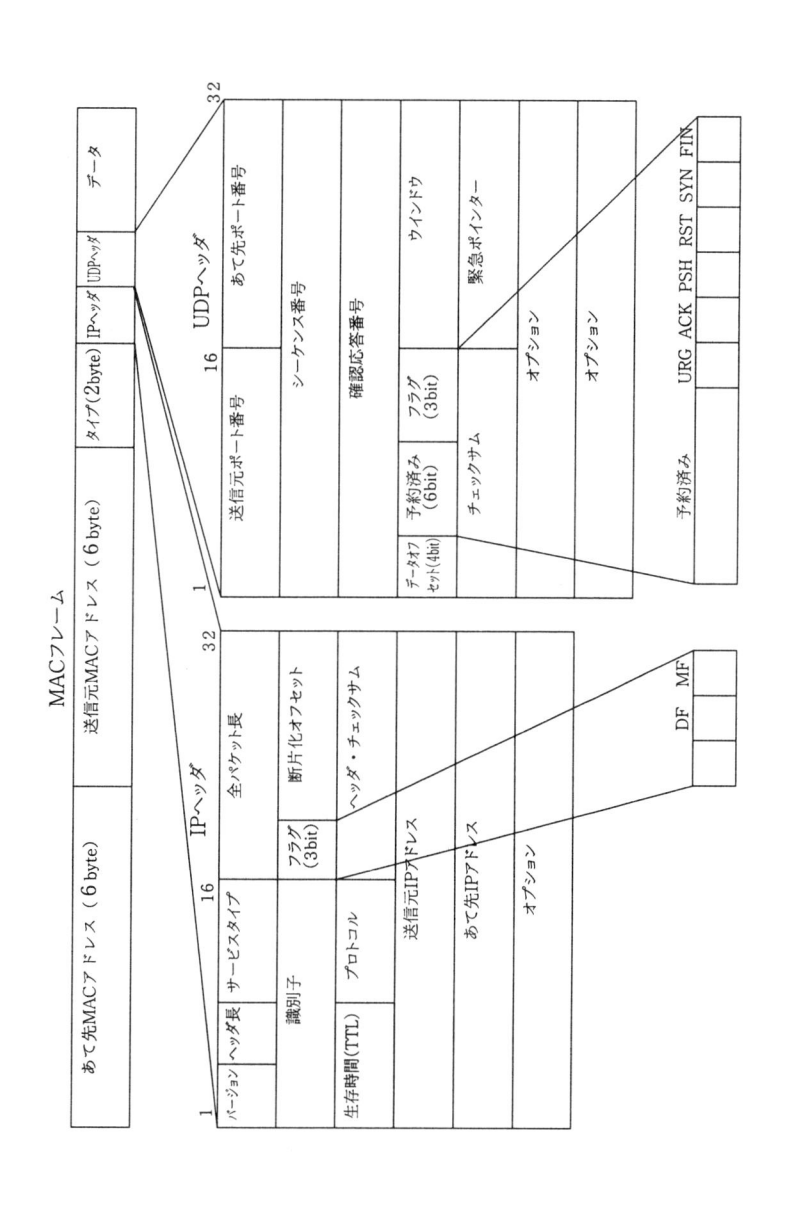

II. MAC ヘッダ, IP ヘッダ, UDP ヘッダ表

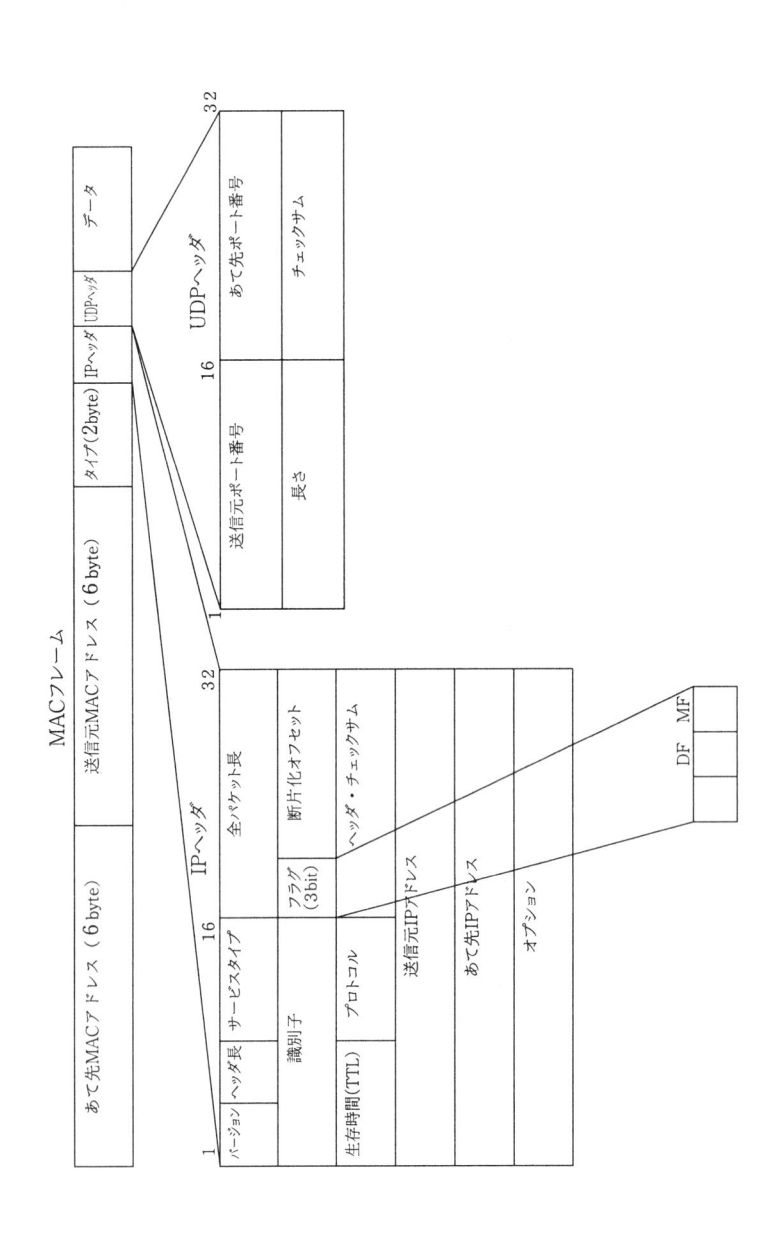

MACフレーム

| あて先MACアドレス（6 byte） | 送信元MACアドレス（6 byte） | タイプ（2 byte） | IPヘッダ | UDPヘッダ | データ |

IPヘッダ

	1		16		32
バージョン	ヘッダ長	サービスタイプ	全パケット長		
識別子			フラグ（3bit）	断片化オフセット	
生存時間(TTL)		プロトコル	ヘッダ・チェックサム		
送信元IPアドレス					
あて先IPアドレス					
オプション					

フラグ: | | DF | MF |

UDPヘッダ

1	16	32
送信元ポート番号		あて先ポート番号
長さ		チェックサム

参考文献

1. Andrew G. Blank 『TCP/IP Jump Start Internet Protocol Basic』SYBEX Inc., 2000年
2. Thomas Lee, Joseph G. Davies 『Microsoft Windows 2000 TCP/IP Protocols and Services Technical Reference』Microsoft Press, 2000年
3. アンドリュー・S・タネンバウム『コンピュータネットワーク（第4版）』日経BP社, 2003年
4. 竹下隆史, 村山公保, 新井透, 刈田幸雄『マスタリングTCP/IP 入門編』オーム社, 1998年
5. 戸根勤『完全理解TCP/IPネットワーク』日経BP社, 2002年
6. 「日経NETWORK」(p77-79), 日経BP社, 2007年4月
7. 「日経NETWORK」(p35-63), 日経BP社, 2004年2月
8. 「日経NETWORK」(p134-139), 日経BP社, 2005年12月
9. 「日経NETWORK」(p106-117), 日経BP社, 2006年4月
10. 「日経NETWORK」(p82-93), 日経BP社, 2006年7月
11. 「日経NETWORK」(p84-95), 日経BP社, 2006年5月
12. ネットワークマガジン編集部「ゼロからはじめるTCP/IP」アスキー, 2007年3月
13. ネットワークマガジン編集部「ゼロからはじめるTCP/IP」アスキー, 2007年9月
14. 三輪賢一『TCP/IPネットワークステップアップラーニング』技術評論社, 2003年

索　引

[A − Z]

ACK ……………………………………90
ARP ……………………………………150
A レコード ……………………………162
DIX 規格 ………………………………19
DNS サーバーシステム ………………157
EIA ……………………………………30
End to End ……………………………65
Established …………………………100
Ethernet ………………………………19
FCS ……………………………………37
FIN ……………………………………91
ICANN …………………………………66
ICMP …………………………………134
　── Echo message …………………135
　── Redicret Message ……………138
IEEE ……………………………………19
　── 802.3 ……………………………19
IETF ……………………………………16
IP マスカレード ………………………122
JPNIC …………………………………66
L2 スイッチ ……………………………39
LAN ……………………………………18
　── アダプタ ………………………38
　── スイッチ ………………………39
Link by Link …………………………41
LLC 副層 ………………………………37
MAC アドレス …………………………35
MAC 副層 ………………………………37
MAC フレーム …………………………35
MLT-3 符合 ……………………………33
MSS …………………………………87, 101
　── の決定 …………………………87
MTU ……………………………………54
NAPT …………………………………122
OSI 基本参照モデル ………………17, 21
PDU ……………………………………25
ping フラッド …………………………143
PSH ……………………………………91
RFC ……………………………………16
RJ-45 …………………………………30
RST ……………………………………91
RTO ……………………………………106
RTT ……………………………………106
smurf …………………………………144
SYN ……………………………………91
TCP/IP モデル …………………………16
TIA ……………………………………30
TIA/EIA-568-A ………………………30
TTL ……………………………………55
UDP プロトコル ………………………92
URG ……………………………………90
UTP ……………………………………30
WAN ……………………………………20

[ア]

アドレス解決 …………………………150
アドレステーブル ……………………39
アドレス・ラーニング ……………39, 40
1 の補数 ………………………………3
インタラクティブクエリ ……………160

ウィンドウ	91	サブネットマスク	67
ウェルノウンポート番号	85	サブネットワーク	76
エコー応答	141	シーケンス番号	89
エコー要求	141	識別子	54
エラー通知	135, 137	衝突領域	41
エントリ	70	情報照会	135
オープンシステム	15	シングルモード	31
オープンネットワーク・アーキテクチャ	17	信号形式	30
		信頼性	53

[カ]

		スマーフ	144
確認応答番号	89	3ウェイ・ハンドシェイク	99
カテゴリ	30	スロースタートアルゴリズム	109
緊急ポインタ	92	セキュリティ	124
クエリ	160	全パケット長	54
クライアント・サーバー方式	20	組織の種別	156
クローズドネットワーク・アーキテクチャ	14	組織名	156
グローバルIPアドレス	121		

[タ]

経路MTU探索	137		
ケーブルの規格	29	タイプ	36
ケーブルの品質	30	断片化オフセット	54, 55
高速再伝送	106	短命ポート番号	85
高速リカバリ	111	チェックサム	91
コスト	53	遅延	52
コネクション型	49	ツイステッド・ペア・ケーブル	30
コネクションの確立	49, 99	ディレイACK法	106
コネクションの終了	49, 102	ディレクテッドブロードキャスト	74
コネクションレス型	49	データ・オフセット	90
コリジョン・ドメイン	41	データの分割	57
		データリンク層	34
		デジュリ	18

[サ]

		デファクト標準	17
サービス・タイプ	51	デフォルトゲートウェイ	71
サイクリックコード	7	デフォルトルート	71
サイクリックチェック	8	伝送速度	29
再送制御	105	伝送媒体	30
再送タイムアウト	105	ドメイン名	155
最長一致検索	74		

[ナ]

名前解決 …………………………………156
2の補数 ……………………………………3
ネットワーク・アーキテクチャ …………13
ネットワークアドレス ……………………66

[ハ]

バージョン …………………………………50
バースト誤り ………………………………7
ハーフクローズ …………………………103
排他的論理和 ………………………………5
パケット ……………………………22, 23
光ファイバ …………………………………31
ブール代数 …………………………………5
ふくそう回避アルゴリズム ……………109
ふくそう制御 ……………………………109
物理層 ………………………………………29
プライベートIPアドレス ………………121
フラグ …………………………………54, 90
フレーム ……………………………………23
フロー制御 ………………………………91, 109
ブロードキャスト ……………………40, 68
プロセス ……………………………………84
プロトコル …………………………………13
　――の識別値 ……………………………56

ベースバンド ………………………………30
ヘッダチェックサム ………………………56
ヘッダ長 ……………………………………50
ポート番号 …………………………………84
ホストアドレス ……………………………66

[マ]

マルチモード ………………………………31
マンチェスタ符号 …………………………32
メトリック …………………………………70

[ヤ]

優先順位 ……………………………………52
ユニキャスト ………………………………40

[ラ]

リカーシブクエリ ………………………160
リゾルバ …………………………………157
リダイレクト ……………………………138
リミテッドブロードキャスト ……………74
ルーター ……………………………………70
ルーティング ………………………………66
　――テーブル ……………………………66
論理演算 ……………………………………5
論理否定 ……………………………………5
論理和 ………………………………………5

《著者紹介》

崔　冬梅（さい　ふゆめ）

大東文化大学経営学部准教授
博士（Business Administration）
マイクロソフト認定システムエンジニア（MCSE）
オラクル認定プロフェッショナル（Database Administration）
サン認定Javaプログラマ（JCP）

主要著書

『Cプログラミングによる経済・経営問題の解決法』共著，税務経理協会，2001.7.
『経営システム的考え方』共著，創成社，2009.

（検印省略）

2008年4月10日　初版発行	
2011年5月20日　二刷発行	略称－ネット基礎
2016年5月20日　三刷発行	

ネットワークの基礎

著　者　崔　　冬梅
発行者　塚田尚寛

発行所　東京都文京区　株式会社　創成社
　　　　春日2－13－1
　　　　電　話 03（3868）3867　FAX 03（5802）6802
　　　　出版部 03（3868）3857　FAX 03（5802）6801
　　　　http://www.books-sosei.com　振替 00150-9-191261

定価はカバーに表示してあります。

©2008 Fuyume Sai　　組版：トミ・アート　印刷：エーヴィスシステムズ
ISBN978-4-7944-2286-6　C3034　製本：宮製本所
Printed in Japan　　落丁・乱丁本はお取り替えいたします。

―― 経 営 選 書 ――

ネットワークの基礎	崔 冬梅 著	1,900円
eビジネスの教科書	幡鎌 博 著	1,900円
経営と情報	志村 正／竹田仁／幡鎌博 著	2,200円
えくせるであそぶ	堀田敬介 著	2,600円
広告と情報	横内清光 著	2,600円
デジタル映像論 ―世紀を超えて―	髙島秀之 著	2,400円
転職とキャリアの研究 ―組織間キャリア発達の観点から―	山本 寛 著	3,000円
昇進の研究 ―キャリア・プラトー現象の観点から―	山本 寛 著	3,200円
起業モデル ―アントレプレナーの学習―	越出 均 著	2,100円
経営学の視点 ―社会科学としての経営学―	裴 富吉 著	2,500円
うわさとくちコミマーケティング	二瓶喜博 著	2,500円
モチベーション理論の新展開 ―スポーツ科学からのアプローチ―	G. C. Roberts／中島宣行 監訳	3,600円
経営情報システム論	立川丈夫 著	2,700円
新・経営行動科学辞典	高宮 晋 監修／小林末男 責任編集	6,602円
経営学概論 ―アメリカ経営学と日本の経営―	大津 誠 著	2,200円
近代経営の基礎 ―企業経済学序説―	三浦隆之 著	4,200円
経営グローバル化の課題と展望 ―何が問題で，どう拓くか―	伊沢良智／八杉 哲 編著	2,700円
国際経営学原論	村山元英 著	3,600円
すらすら読めて奥までわかる コーポレート・ファイナンス	内田交謹 著	2,800円
広告の理論と戦略	清水公一 著	3,800円
共生マーケティング戦略論	清水公一 著	4,150円

（本体価格）

―― 創 成 社 ――